S

NOUVEAU
MANUEL
DU
RAFFINEUR DE SUCRE.

NOUVEAU
MANUEL
DU
RAFFINEUR DE SUCRE;

PAR POUTET AÎNÉ, PHARMACIEN-CHIMISTE,

MEMBRE DU JURY SPÉCIAL POUR L'EXAMEN DES SUCRES RAFFINÉS, DESTINÉS A L'EXPORTATION, MEMBRE DE L'ACADÉMIE DES SCIENCES, LETTRES ET ARTS DE MARSEILLE, DES SOCIÉTÉS ROYALE ET ACADÉMIQUE DE MÉDECINE DE LA MÊME VILLE, ASSOCIÉ CORRESPONDANT DE L'ACADÉMIE ROYALE DE MÉDECINE DE PARIS, DE LA SOCIÉTÉ ROYALE D'AGRICULTURE, HISTOIRE NATURELLE ET ARTS UTILES DE LYON, DE LA SOCIÉTÉ DE CHIMIE MÉDICALE ET DE LA SOCIÉTÉ DE PHARMACIE DE PARIS.

Avec Planches Lithographiées.

Prix : 4 fr.

MARSEILLE,

CHEZ ANTOINE RICARD, IMPRIMEUR DE LA PRÉFECTURE,
RUE CANNEBIÈRE, N° 19.

1826.

A MONSIEUR LE COMTE

CHAPTAL,

PAIR DE FRANCE,
GRAND OFFICIER DE LA LÉGION-D'HONNEUR,
MEMBRE DE L'INSTITUT ROYAL, ETC.

Monsieur le Comte,

En permettant que ce Manuel paraisse sous vos auspices, vous m'accordez un encouragement des plus précieux. Les documens que j'offre au public dérivent de mes expériences & des nombreux préceptes que vous avez émis dans vos savantes productions : je n'avais qu'à les utiliser pour neries sont toutes pourvues avec tant de succès.

En 1810, j'indiquai le mutisme du sang par le gaz acide sulfureux, et j'annonçai qu'à l'aide de ce moyen, les Sucres en pain ne porteraient plus le cachet de la putréfaction de cette substance clarifiante.

En 1813, M. Payen, guidé par analogie sur les observations de M. Figuier, fit essayer le charbon animal pour la décoloration du suc et du sucre de betterave : les obstacles qu'on crut rencontrer à la fabrique de Rambouillet, sur l'emploi de ce charbon, furent vaincus deux ans après par M. Charles Desrône, qui l'utilisa sur le Sucre de canne, et ce décolorant reçut dès lors la plus utile application. Les basses comme les bonnes espèces de Sucre brut furent également soumises à l'action du charbon animal, dont les effets seront longtemps appréciés par les Savans et les Raffineurs.

A ces perfectionnemens encore durables ont succédé les procédés d'Howard et de Taylor. Le premier applique tout à la fois la pompe pneumatique et l'eau en vapeur au Raffinage du Sucre ; il fait rapprocher le Sirop dans des sphéroïdes en communication avec la pompe , et obtient par l'ensemble de ces moyens plus de sucre cristallisable ; tandis que le second utilise pour le terrage du Sucre brut le procédé que M. Fouques avait imaginé pour raffiner la moscouade de raisin ; il présente un mode particulier de filtration et de clarification sans l'emploi des substances albumineuses. Hague parvient à clarifier et à cuire le Sucre à vaisseau ouvert , au moyen de la vapeur comprimée ; il soustrait le Sucre à l'action du feu nu en concentrant les Sirops dans des chaudières à double fond où la vapeur exerce les fonctions calorifiques.

Au milieu de ces circonstances , je n'hésite pas de présenter au public mes observations particulières sur le Raffinage du Sucre , auquel je me suis spécialement livré durant plusieurs années.

C'est donc comme Chimiste et Manufacturier que je décris les procédés les plus usités dans les Raffineries, pour que l'ouvrier exercé y trouve le tableau de ses opérations, et que celui qui voudra s'y livrer, les étudie avec l'espoir de les rendre profitables. Vingt-six sections de ce Manuel sont toutes relatives au Raffinage ; la dernière est consacrée à des considérations générales dans lesquelles je passe en revue les principales observations sur l'Art du Raffineur. C'est là que j'ai pu donner quelque extension à tout ce que la science et la manipulation offrent de plus remarquable sur ce genre d'industrie.

Pour ne pas distraire le lecteur de la marche qu'il avait à suivre, j'ai pensé devoir assigner à chaque planche lithographiée la section qui s'y rapporte plus parfaitement, et donner l'explication des planches à la fin du Manuel, au lieu d'insérer les lettres initiales et indicatives dans le cours de l'ouvrage. J'ai dû faire précéder mon travail d'un précis sur l'Extraction du Sucre dans les Colonies ; mais j'ai considéré que le Raffinage du Sucre devait plus particulièrement fixer mon attention , pour remplir la tâche que je me suis imposée.

J'ai donc évité , sans m'en douter , le défaut inhérent au Manuel sortant des presses de Paris, et dans lequel on trouve des détails insuffisans sur le Raffinage. On a lieu de s'étonner que MM. Blachette et Zoéga , auteurs de ce Manuel , aient absolument ignoré comment on fabriquait les Vergeoises, et qu'ils aient avancé qu'il ne découlait que de la Mélasse des Bâtardes , dont les Sirops retiennent encore beaucoup de Sucre cristallisable.

Décrire les procédés employés dans les Raffineries , signaler les avantages et les inconvéniens qui peuvent résulter de divers genres de manipulation, tel a été le but que je crois avoir atteint, pour l'enseignement des préceptes qui se rattachent essentiellement au Raffinage du Sucre.

ERRATA.

Pag. 12 , lig. 6 , *lisez* on transporte ce mélange dans un bac où il se cristallise.

Pag. 70 , lig. 25 , *lisez* elle a dans toute sa capacité des trous de 3 à 4 millimètres de diamètre.

Pag. 98 , lig. 15 , *lisez* il enlève cette portion de Sucre avec le tranchant du fer à foncer , ou mieux encore avec un couteau.

NOUVEAU MANUEL (1)
DU RAFFINEUR DE SUCRE.

Le Raffinage du Sucre consiste à séparer la Mélasse du Sucre cristallisable, ce qui s'exécute au moyen de diverses opérations pratiquées à Marseille et dans d'autres villes de France ou de l'étranger.

Ces opérations sont :

1° La préparation des *Fondus* ;
2° La clarification du Sucre Brut ;
3° La cuite du Sirop ;
4° Le coulage du Sucre cuit à l'Empli ;
5° Les travaux pratiqués à l'Empli ;
6° Ceux du Grenier et du Terrage ;

---

(1) Le Libraire Roret ayant annoncé dans un *Prospectus* qu'il avait sous presse, pour paraître en 1826, le Manuel du Fabricant et du Raffineur de Sucre, par MM. Blachette et Zoéga, et me proposant de publier, sous le titre de *Manuel du Raffineur de Sucre*, l'ouvrage que j'ai lu à l'Académie de Marseille, dans les Séances des 2, 9, 23 décembre 1824 et 24 février 1825, cette annonce a dû me faire prendre la détermination de publier, sans délai, cet ouvrage, sous le titre de *Nouveau Manuel du Raffineur de Sucre.*

7° L'étuvage du Sucre en Pain ;

8° Le moyen de mettre le Sucre en Pain en papier ;

9° La fabrication des Bâtardes ;

10° L'obtention des Vergeoises et de la Mélasse ;

11° Le terrage des Vergeoises ;

12° La fabrication du Sucre Royal.

Avant de parler de la préparation des *Fondus* et de la Clarification, je destinerai divers Paragraphes à quelques détails sur la Canne à Sucre, à l'extraction du Sucre Brut dans les Colonies, au choix que le Raffineur doit en faire, et à la description de l'Atelier où l'on procède au Raffinage du Sucre.

§ Ier.

De la Canne à Sucre.

La Canne à Sucre que l'on cultive dans les Colonies, est le *Saccharum Officinarum* de Linné ; c'est un roseau dont la tige est divisée, à certaine distance, par un renflement d'où part une feuille, et par un étranglement qu'on nomme *nœud*. Cette plante fleurit, mais sa fructification est stérile : elle se reproduit par boutures, et se multiplie avec une merveilleuse fécondité.

(3)

L'Arundo Saccharifera pousse à la hauteur de 2 à 4 mètres ; on la coupe au bout de quatorze, quinze ou seize mois, lorsqu'elle est parfaitement mûre.

La Canne à Sucre a été apportée à St.-Domingue par Pierre d'Etiença. Il paraît, d'après les rapports des Historiens, qu'elle est indigène des Indes, au-delà du Gange, et qu'elle a été apportée, à différentes époques, dans tous les lieux où on la cultive.

Michel Balestro fut le premier qui en exprima le suc à St.-Domingue, et Gonzalès de Veloza celui qui le premier en retira du Sucre.

Sans m'arrêter au mode employé dans les Colonies pour la culture de la Canne à Sucre, je rappellerai qu'elle ne peut prospérer que sous des climats tout à la fois brûlans et humides ; elle ne parcourt pas le cercle de la végétation pour la formation du Sucre dans les Départemens Méridionaux de la France.

C'est à la nouvelle Tempé, près de Nice, que M. Bermond fit choix d'un terrain pour la plantation de la Canne à Sucre.

La température du climat de ce pays limitrophe du Département du Var et l'un des plus méridionaux, semblait devoir être favorable au succès de ses expériences.

En effet, la Canne à Sucre acquit une grosseur et une hauteur assez analogues à celles de la même plante cultivée en Amérique ; mais lorsqu'il fut question de la soumettre aux expériences nécessaires pour en retirer le Sucre qu'on supposait qu'elle devait contenir, on n'obtint que du *Mucoso sucré*, c'est-à-dire, un Sirop non cristallisable : ce n'est donc que lorsque la Canne à Sucre est complètement mûre, qu'on peut assurer qu'elle fournira du Sucre ; mais pour que sa maturité ait lieu, il ne suffit pas que le terrain où on la cultive soit bon, il faut encore le concours d'une chaleur long-temps continuée et beaucoup d'humidité.

M. Proust qui a fait l'analyse de la Canne à Sucre récoltée à Malaga, a trouvé dans le suc récemment extrait, de la fécule verte, de la gomme, de l'extrait, de l'acide malique, du sulfate de chaux, de l'eau, du sucre cristallisable et du mucoso sucré.

Une tranche de Canne mise dans l'infusion de tournesol, la rougit fortement. Son suc n'est pas sensiblement acide à la dégustation, mais dans le suc concentré l'acidité est manifeste.

Évaporé jusqu'au degré d'un sirop épais, le suc des Cannes de Malaga a donné à M. Proust, au bout de quinze à vingt jours, une congélation *mielleuse*, assez ferme pour être coulée dans des vases ; ce qui vient bien à l'appui de ce que le Sucre a pu être connu dès la plus haute antiquité , car quelques Naturalistes anciens définirent le Sucre de Canne, *aliud mel quod in arundinibus fit.* Ce n'est qu'en 1471 qu'un Vénitien ayant trouvé le moyen de le purifier , trouva le procédé pour en faire du Sucre en pains.

Mais si le Raffinage du Sucre nous fait jouir de cette substance dans toute sa pureté, il faut convenir que dans l'état actuel de nos connaissances, nous ne profitons pas des moyens d'extraire du Mucoso sucré ou Mélasse des Sucres bruts sans le secours du feu, et sans avoir recours aux opérations qui altèrent au moins le sixième de la quantité du Sucre brut soumise au raffinage : le Sirop qui en proviendrait, purifié par le charbon animal, suppléerait avec beaucoup d'utilité le Sucre dans tous les cas où le luxe de nos tables ne le rendrait pas indispensable.

Je donnerai, à l'article de la préparation des *Fondus*, le moyen simple de se procurer le Sucre liquide de Canne sans une altération marquée.

§ II.

De l'Extraction du Sucre dans les Colonies.

Le Sucre cristallisable se rencontre dans la sève d'un très-grand nombre de végétaux, mais toujours dans les tiges et dans les racines. Celui qu'on trouve dans les fruits est d'une autre espèce. Les plantes qui produisent le Sucre, de manière à pouvoir l'extraire avec quelque avantage, sont : 1º l'*Arundo Saccharifera* ou Canne à Sucre ; 2º l'*Acer Montanum* ou Érable ; 3º la Betterave ou *Betta Ravia Crassa*.

Le suc de la Canne à Sucre est connu sous le nom de *Vesou* : il marque depuis 5 jusqu'à 14 degrés de l'aréomètre de Beaumé, suivant la maturité de la Canne ; on l'obtient en soumettant les Cannes au moulin formé de trois gros cylindres élevés verticalement ; on fait mouvoir celui du milieu, soit au moyen de l'eau, soit au moyen des bœufs.

On fait passer les Cannes à deux reprises consécutives entre ces cylindres qui les compriment et en expriment le suc qui tombe dans une grande auge, d'où il est conduit, par le moyen de quelques canaux, dans les réservoirs qui doivent le contenir.

C'est de ce Vesou ou suc exprimé de la Canne, que l'on extrait le Sucre brut, terré ou purifié, qui nous arrive des Colonies et que M. Dutrône appelle Sel essentiel de la Canne.

Le résidu ligneux de la Canne à Sucre, connu sous le nom de *Bagasse*, est employé comme combustible pour l'entretien des fourneaux qui servent à la défécation et à la concentration du Suc de la Canne.

Il importe de procéder à la défécation du Vesou immédiatement après son extraction, pour éviter la fermentation à laquelle il est promptement disposé.

Avant 1775, toutes les chaudières, pour cette opération, étaient de cuivre; elles avaient chacune leur foyer séparé et diminuaient successivement de capacité.

A cette époque on établit, à l'imitation des Anglais, toutes les chaudières sur le même foyer, et l'on se servit de chaudières de fonte de fer; elles sont ordinairement au nombre de cinq; leur assemblage se nomme *Équipage*.

On remplit de Vesou la première chaudière nommée la *Grande*, et on y verse la quantité de lait de chaux que l'on croit nécessaire à la séparation de la fécule et à la saturation de l'acide,

Le Vesou mélangé à la chaux se transvase dans la seconde chaudière nommée la *Propre*, parce que la séparation de la fécule commence à s'y faire, et que le Suc, par l'ébullition soutenue, doit y être amené à un très-haut degré de dépuration.

De cette chaudière le Vesou, saturé et rapproché à un certain degré, est versé dans la troisième nommée le *Flambeau*, parce que le Raffineur attend de celle-ci que le Vesou présente les signes qui doivent l'éclairer sur la proportion de l'alcali à ajouter.

C'est dans la quatrième que l'on transvase de nouveau le Vesou pour le faire cuire et l'amener à l'état de Sirop : cette chaudière se nomme *Sirop*.

Enfin, on verse le Sirop de la quatrième dans la cinquième chaudière, que l'on nomme *Batterie*, pour lui donner le dernier degré de cuisson et l'amener au point nécessaire pour en séparer le Sucre par le refroidissement. Comme il se fait très-souvent un boursouflement considérable dans cette chaudière, que l'on pourrait éviter au moyen d'un peu de beurre, mais qu'on n'arrête qu'en battant la matière avec une écumoire, c'est de ce travail que la chaudière à pris son nom.

On enlève avec une écumoire la fécule qui

(9)

se sépare du Vesou , dans chacune de ces chaudières, et qui monte à la surface du liquide.

Ces cinq chaudières sont sur une même ligne ; l'ouverture du foyer est sous la batterie, qui, par ce moyen, reçoit une plus grande quantité de chaleur que les autres ; l'action du feu est d'autant moindre que les dernières chaudières sont plus éloignées du foyer.

Cette méthode , dont parle Dutrône , a des inconvéniens par rapport aux chaudières de fer qui ont le défaut d'être très-cassantes , de faire perdre , par leur cassure fréquente, la charge de Vesou qu'elles contiennent et de noircir le Sucre (1), ce qui lui fait perdre une grande partie de sa valeur.

M. Dutrône remédie aux vices de ce procédé, en introduisant l'ancienne méthode avec des corrections ; il conseille l'usage des chaudières de cuivre , en entrant même dans les vues d'économie des Colons ; car il fait voir que la casse annuelle des chaudières de fer, non compris la charge de Vesou perdue , est beaucoup plus considérable que l'intérêt de l'argent

____

(1) Il se forme alors du malate de fer qui colore le Sucre. Le calorique long-temps appliqué sous les chaudières contenant le Vesou , est aussi la cause déterminante de la coloration du Sucre brut.

employé à la première mise de fonds des chaudières de cuivre, qui lorsqu'elles sont vieilles
ont encore une valeur réelle.

L'équipage que M. Dutrône propose doit
être composé de quatre chaudières de cuivre
communiquant au même foyer, ou bien trois
seulement chauffées par le même foyer, et la
quatrième ayant son foyer séparé. La première
se nomme *chaudière à déféquer*, la seconde
est destinée à la continuation de la défécation,
la troisième porte le nom de *chaudière à évaporer*, et la quatrième, *chaudière à cuire* : il
importe que cette dernière se trouve placée
sur un foyer séparé pour accélérer la concentration du Sirop. L'équipage doit encore être
composé *de deux bassins à filtrer et à décanter*.

Après avoir rassemblé le Vesou dans un
grand bassin, M. Dutrône conseille de se servir
d'une balance hydrostatique, inventée par un
Anglais, pour connaître la quantité de fécule
qui existe dans le Suc exprimé, et le rapport
de chaux nécessaire pour la séparer.

Cela fait, il fait peser la chaux que l'on
doit mettre dans la première *chaudière à déféquer*; on remue ce mélange et on le transvase
dans la seconde où il reçoit un peu de chaleur:
la défécation commence à avoir lieu ; de la
seconde, le Vesou se verse dans la troisième;

il y est rapproché jusqu'à 22 ou 24 degrés de l'aréomètre de Beaumé ; après quoi on le filtre et le verse dans le bassin à décanter.

On se sert de la *chaudière à cuire* dans le commencement de l'opération pour évaporer le Vesou, cela jusqu'à ce que *les deux bassins à décanter* soient remplis : après quoi on charge *la chaudière à cuire* de Vesou évaporé, filtré et décanté, après s'être assuré qu'il ne contient plus de fécule ; pour cela on en met un peu dans une cuiller d'argent, et on y verse de l'eau pure et de l'eau de chaux ; on examine s'il ne s'y fait point de précipité ; s'il s'en fait, on met un peu d'eau de chaux ou d'alcali dans le bassin.

La chaudière à cuire étant remplie, on la chauffe et l'on pousse le feu jusqu'à ce que le rapprochement du liquide lui permette d'éprouver en bouillant une chaleur de 90 à 97 degrés du thermomètre de Réaumur ; ce qui équivaut à la cuite du filet : cette limite dépend de l'espèce de Sucre que l'on veut obtenir.

Lorsqu'on veut n'obtenir qu'un Sucre brut, on pousse le feu de manière que l'ébullition fasse monter le thermomètre de Réaumur de 94 à 97 degrés ; et si l'on veut faire du Sucre terré, on arrête le feu aussitôt que l'ébullition du Sucre fait monter le thermomètre de 90 à 93 degrés, parce que le Sucre obtenu doit être plus pur.

Lorsqu'on a vidé la cuite de deux batteries ou de deux chaudières à cuire dans un rafraîchissoir, on mêle bien ces produits avec un mouveron, et on le transporte dans un bac où il se cristallise; si c'est du Sucre brut que l'on a voulu obtenir; ou bien on le vide dans des cônes de terre cuite, rangés dans la Sucrerie, si l'on veut obtenir du Sucre terré.

Lorsque le Sucre brut est cristallisé dans les bacs et qu'il est assez refroidi pour qu'on puisse y tenir le doigt, on en remplit, au moyen de bassins portatifs, les barriques qui sont défoncées d'un bout et posées ce bout en haut, l'autre repose sur un plancher de grillage qui couvre une grande citerne où doivent se rassembler les Sirops.

On fait au fond des barriques, posées sur le grillage, deux ou trois trous dans lesquels on passe quelques cannes, pour que le Sirop puisse s'écouler sans emporter le grain.

Le Sucre brut étant dépouillé, au bout d'un certain temps, de la plus grande portion de sa mélasse, on en remplit les barriques que l'on fonce pour les expédier en Europe.

Les cônes de terre dans lesquels on verse le Sucre cuit que l'on veut terrer, sont percés

à leur extrémité ; on les porte dans la pur-
gerie après quinze à dix-huit heures de refroidissement, on les débouche et on les met sur
des pots pour laisser écouler la mélasse. Après
vingt-quatre heures d'écoulement, on range
les cônes sur d'autres pots dans les cabanes
pour terrer le Sucre qu'elles contiennent.

Le terrage a pour objet de laver le grain
du Sucre et de le dépouiller de la mélasse
qui le colore. A cet effet, on unit bien la
base du pain, et l'on verse dessus de la terre
argileuse délayée ; l'eau que cette terre contient s'échappe lentement à travers le Sucre,
et entraîne avec elle la mélasse qui est plus
soluble que le Sucre cristallisable.

Lorsque la première terre est desséchée,
on l'enlève et on y en applique une seconde ;
ce qui se continue souvent jusqu'à la troisième, pour que le Sucre du pain soit bien
épuré ; après quoi, on l'étuve pour enlever
l'eau surabondante, et on le pile dans des
barriques pour l'envoyer en Europe. On le
divise en produits de diverses nuances, qui
constituent les diverses qualités connues dans
le Commerce sous la dénomination de *premier,
second*, *troisième*, *petit commun*, et *tête*.
Cette dernière qualité provient notamment de

la pointe du pain qui ordinairement se trouve la plus colorée.

M. Dutrône fait cristalliser une seconde fois les Sirops *couverts* ou *non couverts* qui s'égouttent des cristallisoires, afin d'en obtenir le Sucre qu'ils recèlent encore, et les mélasses restantes, après les avoir fait cristalliser plusieurs fois consécutives, sont vendues ou employées à faire du Rum et du Tafia.

On mélange d'eau les mélasses dont on ne veut plus retirer du Sucre ; le mélange doit être tel que l'aréomètre de Beaumé indique 11 à 12 degrés ; on laisse fermenter le mélange, on le distille, et la liqueur que l'on obtient est du Rum ou du Tafia, suivant les circonstances qui ont accompagné la fermentation ou la distillation.

C'est par la faculté dont les Colons peuvent jouir librement d'extraire encore du Sucre des Sirops provenant des Sucres bruts, qu'on procure avec désavantage à la Métropole des Sucres gras, colorés et visqueux, très-altérés par l'action du feu, et chargés de Sucre liquide. Le dangereux exemple des ventes à livrer à des termes de six à huit mois, autorise en quelque sorte les Colons à ne pas laisser écouler suffisamment la mélasse des Sucres bruts, et à produire aux Raffineurs de France des matières premières de basse qualité. Espérons que les résultats de ces sortes de ventes rétabliront l'ordre naturel des affaires commerciales en ce genre ; qu'on pourra, comme auparavant, examiner une partie de sucre brut avant l'achat qu'on devra en faire, et en classer les diverses qualités d'après leurs nuances et l'état de leur cristallisation, ainsi qu'on le pratique à Bordeaux et dans d'autres villes du Royaume.

Les procédés qu'on emploie dans les Colonies pour l'obtention du Sucre brut, méritent d'être perfectionnés. Je suis persuadé qu'en traitant premièrement le Vesou par le gaz acide sulfureux (1), et par les mêmes moyens que nous avons muté et décoloré le moût de raisin pendant le système continental, on aurait des sucres plus blancs et des résultats plus avantageux. Le Vesou, ainsi décoloré, ne serait pas aussi disposé à passer à la fermentation acide ou spiritueuse ; il serait également traité par la chaux ; déféqué par ces

---

(1) On l'obtient par la simple combustion du soufre. Mon ami Achard, pharmacien du Roi à la Martinique, a employé ce gaz acide avec le plus grand succès sur le Vesou qui, saturé par la chaux, lui a produit du Sucre brut de la plus grande beauté.

deux moyens dans une chaudière bien plus évasée que profonde, on le passerait à travers une étoffe de laine ; il serait aussitôt rapproché dans des chaudières à bascule à la manière des Raffineries de France. Le sirop cuit qui résulterait de ce mode simplifié, serait versé dans un rafraîchissoir, puis introduit dans des cônes de terre cuite pour en obtenir du Sucre terré, ou dans des barriques percées pour en extraire facilement le Sucre brut. Il paraît que des perfectionnemens notables ont été apportés depuis peu d'années à l'obtention du Sucre brut dans les Colonies. Voici ce que rapporte M. Payen, dans sa Chimie en 26 Leçons, ouvrage traduit de l'Anglais.

« On exprime le suc des Cannes à Sucre
« en introduisant les Cannes entre des cylin-
« dres placés verticalement, qui tournent en
« sens contraire et sont mus par des bœufs,
« et dans quelques endroits par une machine
« à vapeur. Le jus est recueilli dans un ré-
« servoir ; on le porte dans une grande chau-
« dière en cuivre où on le fait chauffer ra-
« pidement jusqu'à l'ébullition ; on y jette, un
« peu avant qu'il ait atteint cette température,
« un lait de chaux ; au moment de l'ébul-
« lition il se sépare un grande quantité d'écu-
« mes formées de matières végétales étrangères

« au sucre et combinées avec la chaux. Le
« liquide est clair sous ces écumes, on le
« soutire dans deux chaudières évaporatoires
« où l'on pousse l'évaporation à grand feu ;
« on y ajoute alors (dans quelques habita-
« tions où l'on travaille le mieux) un cen-
« tième environ de charbon animal. Lorsque
« la concentration est arrivée au point où le
« sirop marque 28 degrés à l'aréomètre , on
« le clarifie avec du sang exporté d'Europe ,
« à l'état sec ; on délaye celui-ci avec une
« grande quantité d'eau au moment d'en faire
« usage ; il se coagule par la chaleur et forme
« un réseau qui rassemble toutes les matières
« insolubles en suspension dans le sirop ; on
« jette tout le liquide trouble sur des filtres
« dont le fond est garni en laine ; le sirop
« s'en écoule diaphane et d'une couleur jaune
« fauve ; on en porte une partie dans une
« chaudière en cuivre , plate , munie d'un bec ,
« et qui se vide aisément en la faisant bas-
« culer ; le rapprochement du sirop dans cette
« chaudière doit être très-rapide , et pour cela
« on l'opère à grand feu. Dès que le sirop
« est assez concentré pour former un filet ,
« lorsqu'après l'avoir comprimé entre le pouce
« et l'*index*, et qu'en écartant ces deux doigts ,
« le filet se casse en formant un crochet , on

2*

« fait basculer la chaudière. Le sucre cuit
« coule dans un rafraîchissoir, dans lequel on
« verse successivement plusieurs cuites que l'on
« opère de la même manière. Lorsque les
« cuites réunies se sont refroidies suffisam-
« ment, on les verse dans de grands tonneaux
« où le sucre cristallise dans deux ou trois
« jours ; presque toute la masse est solidi-
« fiée ; on perce plusieurs trous au fond du
« tonneau, et la mélasse s'écoule peu à peu,
« laissant le sucre brut à sec. »

§ III.

Du choix des Sucres bruts et terrés, pour le Raffinage.

Après avoir retracé les opérations qu'on
pratique dans les Colonies pour l'obtention
du Sucre brut, je ferai connaître en peu de
mots les qualités de Sucre auxquelles le Raffineur doit donner la préférence.

Sans faire ici l'énumération des qualités de
Sucre brut envoyées en Europe, je dirai seulement que l'on doit surtout préférer les Sucres
qui sont les plus secs, les mieux cristallisés et
dont la couleur soit plutôt grise que blonde. A
fortiori, ceux qui sont blancs ou presque

blancs, sont aussi de qualité supérieure lorsque le grain n'est ni trop divisé, ni pâteux. Ce dernier état annonce toujours dans le Sucre l'existence d'un sirop mucilagineux qu'on doit redouter, par rapport à son emploi dans le Raffinage.

Il importe donc d'éviter, autant que possible, les achats des Sucres roux, gras au toucher, et dont la saveur est souvent caramelée. Ces caractères annoncent l'altération du Sucre et la présence d'une assez grande quantité de mélasse dans ces dernières espèces. Il est cependant des sucres bruts blonds ou un peu roussâtres qui, étant bien cristallisés et peu chargés de Sucre liquide (1), peuvent faire partie de ceux qu'on destine à la fabrication. En général, le Raffineur doit établir en principe que la couleur rousse ou rougeâtre des Sucres est un signe de leur altération par les opérations exercées sur le Vesou dans les Colonies.

Ainsi les Sucres bruts de l'île Bourbon et de l'île de France ne sont pas aussi propres au Raffinage que les Sucres bruts de la Ja-

---

(1) On entend par Sucre liquide, de la Mélasse ou Sirop incristallisable : on lui donne aussi le nom de *Mucoso sucré.*

maïque , de Ste.-Croix , de St.-Domingue , de
la Martinique , de St.-Yago et de la Guade-
loupe. C'est par la combinaison des uns et
des autres , lorsqu'on possède des Sucres gras
et d'autres dont le grain est mieux cristallisé ,
que les procédés du Raffinage sont plus prompts,
plus sûrs et plus conformes aux intérêts du
Raffineur.

Lorsque le Raffineur peut acheter , à des
prix convenables, des Sucres terrés blonds ou
gris, de qualité inférieure, il doit leur donner
la préférence sur les qualités moyennes de
Sucre brut. Cependant il ne se basera pas toujours sur le principe établi par la circulaire
du 27 janvier 1823 , relativement aux Sucres
Raffinés ayant droit à la prime d'exportation.
On voit dans le tableau annexé à cette circulaire , que 100 parties de Sucre terré doivent donner depuis 68 jusqu'à 76 parties de
Sucre blanc , suivant les provenances ; tandis
qu'il est reconnu que les Sucres bruts en sorte,
de bonne et moyenne qualité, ne peuvent produire au delà de 65 à 68 centièmes de produits
blancs Raffinés, parmi lesquels on comprend
le Sucre en pain et la Bâtarde.

Il faut aussi que le Raffineur sache, pour
l'objet de sa spéculation, qu'un Sucre Havane
blanc ou presque blanc ne peut produire

au delà de 80 centièmes de Raffiné, première et deuxième sorte, sans les plus heureuses combinaisons.

La raison pour laquelle on n'obtient seulement que les 4 cinquièmes de Sucre blanc sur 100 parties de Sucre terré, en belle marchandise, est fort simple. C'est qu'à chaque fois que le Sirop est remis sur le feu, tant pour obtenir le Sucre Raffiné que les Bâtardes, il se forme de la mélasse par l'accumulation du calorique, dont l'action désorganisante ne cesse d'avoir lieu sur une certaine portion de Sucre cristallisable.

§ IV.

Des Bacs à Sucre et de la réception des Barriques.

Les Raffineurs de Marseille étaient dans l'usage de revendre les Sucres bruts blancs ou blonds, en belles espèces, aux marchands épiciers, à 7 ou 8 pour cent de bénéfice au-dessus du cours des Sucres bruts en sorte. Mais aujourd'hui qu'il est reconnu que le Sucre le plus blanc, ou le mieux cristallisé, est celui dont les produits sont très-avantageux, l'usage de la revente commence à tomber en désuétude.

Le Raffineur reçoit les futailles de Sucre brut au magasin attenant à sa fabrique, et lorsqu'il se propose de commencer un Raffinage, il les fait rouler devant les bacs à Sucre où elles doivent être défoncées.

Les bacs à Sucre sont destinés à recevoir une masse considérable de Sucre brut, de manière à ce que l'ensemble présente un mélange aussi homogène qu'il est possible, et pour que les diverses cuites du Raffinage n'offrent que peu ou point de différence, relativement à la blancheur des produits obtenus.

Voici le mode de construction de ces bacs. Dans un endroit de la fabrique, voisin de la chaudière à clarification, on construit en colombage revêtu de bonnes planches de chène, deux bacs, l'un pour le Sucre brut de première et deuxième sorte pour la fabrication du Sucre Raffiné, l'autre destiné à contenir le Sucre plus gras et plus coloré pour la confection des Bâtardes, ou pour la préparation des *Fondus*, si le Sucre gras se trouve en trop grande masse.

Ces bacs sont des loges qui ont trois à quatre mètres de diamètre et cinq mètres de hauteur : elles sont revêtues de planches arrê-

tées à demeure sur leurs côtés; le plancher
du bac est aussi planchéïé et forme un gradin
élevé d'environ douze centimètres au-dessus
du sol. Le devant du bac est ouvert, mais
à mesure qu'on y met du Sucre, on pose
horizontalement sur le devant, des planches
dont les deux bouts sont justement reçus dans
de profondes rainures, pratiquées sur chacune
des faces latérales des poteaux formant le devant des cloisons qui séparent les bacs. Ainsi
de suite on contient, au moyen d'autres planches également placées horizontalement, le
Sucre brut qu'on fait parvenir aux parties
supérieures du bac à l'aide de légères pelles
de fer.

Je rappellerai donc qu'on fait rouler les
barriques devant les bacs; deux hommes les
dressent sur un de leurs fonds, ils emploient
un tire-clou ou pied-de-biche avec lequel ils
détachent le cercle qui est arrêté avec des clous
dans le jable; ils enlèvent le fond supérieur,
ensuite à grands coups de serpe ils coupent
les cercles qui sont à la partie supérieure de
la barrique, à la réserve de deux; puis ils
la font tomber sur le sol de manière à ce que
le Sucre en sorte non mélangé, qu'on puisse
distinguer et séparer les *lits* des barriques,
autrement dit Sucre gras, d'avec celui qui

ne l'est point. On isole avec des pelles les deux qualités de Sucre, et on les met dans les bacs qui leur sont destinés.

Par la première opération, *on casse les barriques*, en termes reçus dans les Raffineries ; par la seconde, *on fait le Tri*, pour exprimer qu'on sépare les différentes espèces de Moscouade.

Si parmi les futailles de Sucre il en est de qualités inférieures, connues sous le nom d'*Emplâtre*, on les réunit dans le bac pour la préparation des Fondus. On reconnaît les Emplâtres à ces caractères : Sucre rougeâtre, formant une masse gluante, agglomérée, peu cristalline, ne se brisant pas par le choc et ne pouvant se diviser que difficilement à l'aide de la hache.

Dans tous les traités de vente de Sucre brut, on stipule ordinairement le cas où il se trouve des emplâtres et des *tambours* dans les parties de Sucre. Le vendeur bonifie à l'acheteur une somme déterminée par les experts nommés par les parties contractantes, ou d'office si l'affaire est de nature à être portée devant le Tribunal de Commerce.

J'ai fait connaître ce que c'était qu'un emplâtre, en terme de l'art : celui du tambour est relatif au vide qui se trouve dans les futailles de Sucre , lorsqu'on les a défoncées par l'un de leurs bouts et qu'elles sont ainsi étalées sur les quais ou dans les magasins des vendeurs.

Ce vide , pour être reconnu un tambour dans les futailles ainsi posées sur un de leurs bouts , est depuis 10 jusqu'à 25 centimètres et au delà. La bonification qui se rapporte aux tambours , est basée sur le bénéfice de tare , qui est d'autant moindre pour l'acheteur ou le raffineur , que le tambour est plus considérable. On sent fort bien que si l'acheteur doit avoir une déduction de 17 pour cent sur les barriques , 18 pour cent sur les tierçons , 20 pour cent sur les quarts de Sucre et sur la totalité du poids brut , le bénéfice de tare diminue en raison de ce qu'il achète , au lieu de Sucre , une portion de bois non utilisée au remplissage des futailles.

Les emplâtres sont très-chargés de Sirop gluant ou visqueux. Cette espèce de Sucre , suivant l'état où elle se trouve , peut ne donner que 30 à 35 pour cent de Sucre blanc au Raffineur, au lieu de 65 centièmes que fournissent les Sucres bruts. Il est indispensable de réduire ces Sucres visqueux en Fondus et de ne pas les faire entrer immédiatement dans la composition des Bâtardes , parce que le

Sirop dont ils sont imprégnés occasionnerait, par sa mucosité, des ravages jusque dans la fabrication des Vergeoises.

J'ai souvent réfléchi sur la cause qui produit les emplâtres. Est-ce toujours parce qu'on peut brûler dans les Colonies le Sirop provenant de la concentration du Vesou, ou bien cet inconvénient se rattache-t-il à la nature du Vesou lui-même? Je partage d'autant plus cette dernière opinion, que si le Vesou n'est pas aussitôt chauffé et déféqué au sortir du moulin, il fermente et se convertit partiellement en mucilage, ce que l'emploi de la chaux ne modifie point; d'où l'existence de ce Sirop gluant dans le Sucre gras qui constitue les emplâtres.

Cet inconvénient attaché au Vesou a été observé sur le jus de betterave, qui passe à l'état de mucilage si on néglige de chauffer et de saturer ce jus aussitôt après son extraction. Le degré de maturité des Cannes à Sucre, soit qu'on ne les emploie pas assez mûres, ou qu'elles aient déjà fleuri, peut aussi influer sur la cause qui produit les emplâtres. Dans le premier cas, la Canne n'a pas encore parcouru tout le cercle de la végétation; dans le second, le Sucre s'est converti partiellement en mucilage.

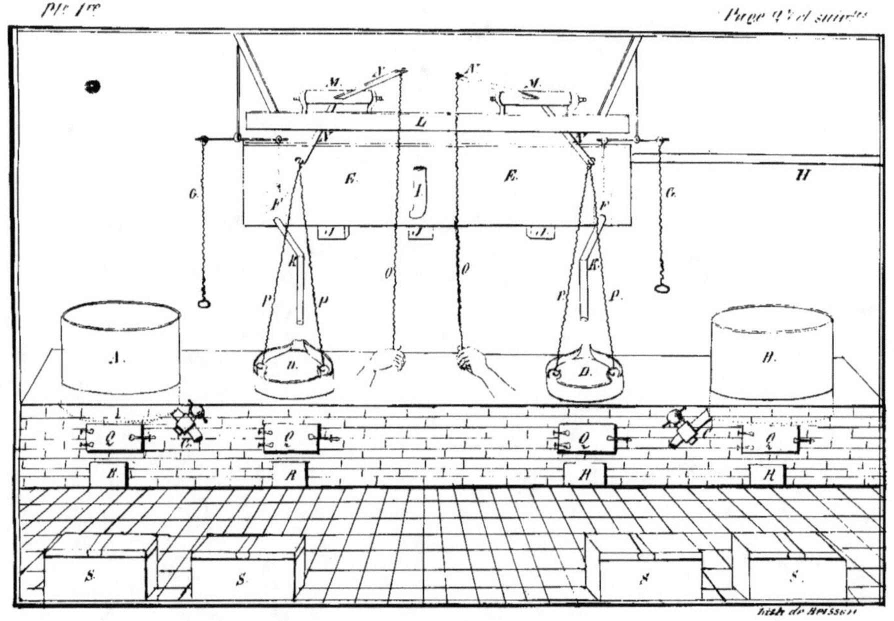

Atelier de la Clarification et de la Cuite.

§ V.

De l'Atelier de la Clarification et de la Cuisson du Sucre.

Cet atelier se compose d'une grande chaudière fixée dans la maçonnerie pour la Clarification du Sucre brut , de deux autres à bascule pour la Cuite, et d'une quatrième pour le travail des Écumes ; on peut en ajouter une cinquième pour la préparation des Fondus; à défaut , celle des écumes est employée à cet cet usage. Toutes ces chaudières de cuivre sont placées au fond de l'atelier et sur une même ligne.

La chaudière à clarifier est munie à sa partie inférieure d'un grand robinet de bronze qui traverse l'extérieur de la maçonnerie. Cette chaudière est de forme ronde ; son fond est légèrement concave ; sa largeur est de 2 mètres; elle a un mètre de profondeur. Telle est la forme qu'on doit donner à la chaudière à clarification , c'est-à-dire bien plus évasée que profonde , car il importe que le calorique ne traverse pas une haute colonne de Sirop, pour éviter l'altération du Sucre. Les chaudières de nos Raffineries sont plus profondes que celles dont je donne ici la description ; mais on commence à en reconnaître les inconvéniens.

On placera cette chaudière à une élévation telle que le robinet servant à l'écoulement du Sirop clarifié , soit au-dessus du niveau de la caisse à filtrer dont je parlerai plus bas.

Il faut que la chaudière pour le travail des écumes soit de la même contenance et de la même dimension que celle de la clarification : elle devra aussi être munie d'un robinet pour opérer la prompte évacuation du liquide soumis à la filtration au sortir de la chaudière.

Les chaudières à cuire sont plates et de forme à peu près ovale , elles sont néanmoins plus larges d'un côté que de l'autre qui se termine par un bec d'où s'écoule le Sirop lorsqu'il est cuit. Ces chaudières sont à bascule et se trouvent appuyées sur un rebord en briques de 2 à 3 centimètres , formant la partie supérieure du fourneau : elles ont un mètre de largeur , un mètre et cinquante centimètres de longueur et 25 centimètres de profondeur. On les soulève par le moyen suivant , à chaque terme de cuisson du Sirop qui est immédiatement versé dans l'*Empli*. Ce moyen consiste à fixer sous la chaudière , à l'aide de rivures , et à l'endroit le plus voisin du bec, un arbre en fer carré, de 2 centimètres d'épaisseur et de la longueur qui surpasse de quelques centimètres la largeur de la chaudière. Cet arbre se termine à chaque bout par un tourillon portant sur deux supports à loubette placés vis-à-vis l'un de l'autre sur le bord supérieur du fourneau : au moyen de quoi, la bassine peut être soulevée facilement par-derrière à l'aide d'un appareil à bascule, et s'incliner vers le bec d'où le Sucre cuit est versé dans le rafraîchissoir de l'Empli.

Pour cela le couloir ou bec de la chaudière, plus élevé que les bords de celle-ci, est très-rapproché d'une large ouverture pratiquée au mur de l'Empli, et sous laquelle se trouve à demeure un autre couloir de métal incliné pour faire parvenir le Sirop cuit dans le rafraîchissoir.

L'appareil à bascule est placé à 3 à 4 mètres au-dessus des chaudières à cuire ; il se compose d'un lévier qui se meut par un axe portant sur deux supports à loubette, situés sur une barre de fer horizontale, soutenue par des bras de ce métal. Deux fortes chaînes sont fixées par des crochets aux deux anses de la chaudière, et se prolongent en forme d'angle, en se joignant à l'un des bouts du lévier. C'est à l'autre extrémité du lévier qu'on a suspendu une autre chaîne terminée par une anse, au moyen de laquelle on fait basculer la chaudière. Cet appareil est à peu près semblable à celui qui fait mouvoir un soufflet de forge.

Dans plusieurs Raffineries l'axe du lévier au moyen duquel la chaudière peut basculer est également situé sur une pièce de fer horizontale supportée par des barres de ce métal courbées en forme d'arc, à la seule différence que celles-ci supportent en même temps un réservoir de cuivre en forme de carré long, de la contenance de 200 kilogrammes de Sirop. Ce réservoir, exposé à 2 mètres au-dessus des chaudières évaporatoires, est destiné à fournir successivement du Sirop au fur et à mesure qu'on a terminé chaque cuite. Ce liquide s'écoule rapidement dans les chaudières à cuire, au moyen d'un tube de métal et d'un boyau de toile communiquant à une soupape qu'on soulève du fond du réservoir à l'aide d'un petit appareil à bascule.

On fait parvenir dans ce réservoir le Sirop de la clairce au moyen d'une pompe aspirante. Un tube indicateur en verre, placé verticalement à l'extérieur de ce vaisseau, et en contact par sa partie courbe avec le liquide, avertit l'ouvrier de la quantité de Sirop suffisante pour remplir convenablement le réservoir.

Les fourneaux de la cuite et de la clarification doivent être construits de manière à ce que la flamme agisse également sur tout le fond des chaudières. Ce principe est surtout applicable aux fourneaux des chaudières à cuire; ceux-ci ont chacun un cendrier, un foyer avec sa grille à l'entour de laquelle on a pratiqué un mur en maçonnerie de 25 centimètres de hauteur et de 65 centimètres de longueur. Le diamètre du foyer sera proportionné à celui de la grille (35 à 40 centimètres) ; ce mur est surmonté de plusieurs rangées de briques à feu , en forme de degrés , qui se multiplient en s'éloignant du foyer , et en entourant l'intérieur du fourneau jusqu'à sa partie supérieure. L'espace qui sépare le fond de la chaudière d'avec la grille , est de 40 à 50 centimètres ; plusieurs évents traversent en sens divers ces rangées de briques et communiquent à un seul tuyau de cheminée.

C'est au moyen de baquets en bois , munis de deux anses de fer , que l'on porte du bac le Sucre brut destiné à la clarification. Ces baquets ont 50 centimètres de diamètre et autant de profondeur.

L'atelier contient encore les vaisseaux propres à la filtration du Sirop clarifié. Ces vaisseaux consistent en deux ou trois caisses de cuivre, de deux mètres de longueur, d'un mètre de largeur et d'un mètre de profondeur. Ces caisses sont enchâssées chacune dans une autre en bois de la même contenance et bien consolidées aux angles par des lames de fer : elles sont munies d'un couvercle ayant au centre une ouverture de 6 à 8 centimètres, par où s'introduit un grand tube de métal, recourbé et mobile, pour recevoir le Sirop qui s'échappe du robinet de la chaudière à clarifier. L'intérieur des caisses à filtrer est garni de plusieurs claies d'osier blanc adossées aux parois et au fond de chaque caisse.

On met sur les claies d'osier une grande étoffe de laine, de la nature de celles qui servent aux manteaux des bergers, connue sous le nom de *drap de cape*. Cette étoffe, que je désignerai sous le nom de *blanchet*, doit être assez grande pour occuper toute la caisse jusqu'au bord extérieur. C'est par-dessus l'étoffe de laine qu'on met également une toile forte, d'un tissu croisé et de la même dimension que le blanchet. L'addition de la toile a pour but d'enlever avec celle-ci le résidu de charbon animal encore empreint de Sirop, pour le soumettre au lavage dans la chaudière aux écumes.

Au bas de ces filtres se trouve un robinet

d'où le Sirop se rend dans de grands réservoirs de cuivre. Ces réservoirs sont enfoncés dans le terrain de la fabrique, tandis que leur bord supérieur se trouve presque au niveau de la partie inférieure des caisses à filtrer.

Enfin, c'est dans cet atelier qu'on fait construire aussi un fourneau et une chaudière à vapeur pour laver, au moyen de ce fluide élastique, les futailles vides encore empreintes de Sucre brut. Le diamètre de cette chaudière est de 140 centimètres et de 80 centimètres de profondeur. Elle est surmontée d'un couvercle de métal, ayant une certaine convexité jusqu'au centre où on a pratiqué une ouverture de 20 à 25 centimètres de largeur, pour donner lieu au dégagement de l'eau vaporisée. Le pourtour de la chaudière est garni de feuilles de plomb fixées sur la maçonnerie du fourneau et inclinées vers le bord du couvercle, de manière à former une dalle de laquelle le Sirop, entraîné des parois des futailles par l'action de la vapeur, se rend dans un réservoir destiné à cet usage. Ce Sirop n'a d'autre emploi que dans la préparation des Bâtardes ou des Vergeoises.

§ VI.

De la Préparation des Fondus.

J'ai dit plus haut que l'atelier où se trouvent les chaudières, en contenait une cinquième pour la préparation des Fondus, et qu'à défaut, celle des écumes pouvait tenir lieu de cette dernière: quoi qu'il en soit, la maçonnerie qui constitue le pourtour de la chaudière où l'on préparera les Fondus, devra être garnie de plomb, pour recueillir la moscouade qui se répand durant l'opération.

La chaudière étant ainsi disposée, on en charge environ 15 à 20 centimètres de sa profondeur d'eau commune, ou d'eau de chaux si le Sucre est extrèmement gras. Cela fait, on allume le feu sous la chaudière. Lorsque l'eau est bouillante, des ouvriers portent du bac du Sucre gras dans des baquets, et le jettent successivement dans la chaudière. Un ouvrier se saisit alors d'un grand mouveron ; au moyen de cet instrument il agite le mé-lange et facilite la dissolution du Sucre. On continue d'ajouter du Sucre gras jusqu'à ce que la chaudière soit presque totalement remplie, en observant néanmoins que le mélange

ɔp épais ou qu'il n'acquière pas
du miel : pendant l'agitation ,
erche avec le mouveron les tas
Sucre, qu'il ramène à la super-
ivise aussitôt avec une truelle,
r celle-ci sur le Sucre recueilli
arfaces du mouveron.

mélange est aussi homogène que
u'il est bouillant, on examine
des Fondus ; si elle tient un mi-
le du miel et d'un Sirop bien
portion du Sucre cristallisable
séminée dans cette pâte liquide,
de celle-ci, mise à refroidir sur
acquiert une certaine solidité,
ueuse au toucher, ce sont au-
s que les Fondus peuvent être
'Empli.

le maître de l'Empli aura déjà
à trois rangées de grandes formes
es, qu'on aura fait tremper dans
posera sur le sol de l'Empli ;
bas et dont le trou aura été
des tampons de linge mouillé.
levront être parfaitement assu-
mur de l'Empli, et seront sou-
'autres formes de même dimen-
sur le sol par leur base.

ne soit pas trop épais ou qu'il n'acquière pas la consistance du miel : pendant l'agitation , l'ouvrier recherche avec le mouveron les tas agglomérés de Sucre , qu'il ramène à la super-ficie ; il les divise aussitôt avec une truelle, en faisant agir celle-ci sur le Sucre recueilli à l'une des surfaces du mouveron.

Dès que le mélange est aussi homogène que possible et qu'il est bouillant, on examine la consistance des Fondus ; si elle tient un mi-lieu entre celle du miel et d'un Sirop bien cuit , si une portion du Sucre cristallisable est encore disséminée dans cette pâte liquide, et qu'un peu de celle-ci, mise à refroidir sur une assiette, acquiert une certaine solidité, sans être visqueuse au toucher, ce sont au-tant de signes que les Fondus peuvent être coulés dans l'Empli.

A cet effet, le maître de l'Empli aura déjà disposé deux à trois rangées de grandes formes encore humides, qu'on aura fait tremper dans l'eau ; il les posera sur le sol de l'Empli ; la pointe en bas et dont le trou aura été bouché avec des tampons de linge mouillé. Ces formes devront être parfaitement assu-jetties vers le mur de l'Empli, et seront sou-tenues par d'autres formes de même dimen-sion , posées sur le sol par leur base,

Cela étant fait, les ouvriers placent successivement sur le bord de la chaudière des bassins de cuivre munis de deux anses et d'un bec en forme de couloir. L'un d'eux charge ces bassins portatifs de Moscouade réduite en Fondus, tandis que d'autres les transportent dans l'Empli et en remplissent totalement les formes les unes après les autres.

L'ancien mode de remplir les formes d'abord au tiers, puis en totalité, a été abandonné en ce que la première portion de Sucre fondu se refroidissait trop tôt, et ne se cristallisait pas régulièrement, par rapport à l'absorption rapide du calorique.

La chaudière ayant été vidée, on la charge encore d'eau de chaux et de Sucre gras ; puis on procède, comme il a été dit, à une seconde, troisième ou quatrième chauffe de Fondus qu'on a soin de couler également dans les formes.

Il serait difficile de préciser un poids donné d'eau sur telle quantité de Moscouade pour la préparation des Fondus. On croit assez généralement que 5 centièmes d'eau suffisent pour fondre convenablement 95 centièmes de Sucre gras.

Mais comme on ne peut pas s'occuper à peser l'une ou l'autre de ces substances dans les travaux en grand, et qu'il est des Sucres qui, moins gras, exigeraient moins d'eau pour leur solution partielle, il est plus prudent de procéder comme je l'ai indiqué et de se baser en définitive sur le degré de consistance de la Moscouade fondue.

On laisse refroidir les Fondus dans l'empli jusqu'au lendemain ; leur consistance devra être ferme. Alors l'ouvrier saisit une forme entre ses bras, la soulève, et donnant un coup de genou il la porte en avant et la place sur un canap ; il la débouche et la perce par la pointe jusqu'à 10 à 12 centimètres avec un poinçon de fer. Il met sous la pointe de la forme un seau ou un baquet dans lequel il y a de l'eau, il y trempe le poinçon qu'il plonge de nouveau dans le trou déjà fait à la pointe de la forme.

Cette opération faite sur toutes les formes de fondus, les ouvriers les soulèvent les unes après les autres et les transportent sous le tracas de la chambre chaude. En observant d'abord que les tracas sont des trappes situées à un angle de tous les étages de la chambre, les ouvriers introduisent successivement chaque forme par la pointe dans un bourrelet qu'ils accrochent à une longue corde, communiquant avec une poulie fixée au plafond du grenier supérieur. Cette corde est destinée à s'appuyer sur des cylindres en bois placés horizontalement à l'un des bords des tracas, et terminés à chaque bout par des tourillons de fer portant sur deux supports à loubette ; au moyen de quoi, en tirant la corde, les cylindres qu'on met en contact avec cette dernière tournent avec rapidité au fur et mesure que les formes sont soulevées et transportées à la chambre chaude. On met les formes sur pot, pour donner lieu à l'écoulement du Sirop, et on chauffe la chambre jusqu'à 35 degrés Réaumur, à l'aide d'un fourneau dans lequel le combustible est brûlé sous une cloche incandescente.

Dans 15 à 20 jours les Fondus sont suffisamment *purgés*, c'est-à-dire dépouillés de la mélasse qui rend les Sucres gras ou visqueux.

On emploie les Fondus à la clarification avec le Sucre brut. On les fait sortir auparavant de leurs formes. Pour cela on place sur le sol de l'atelier un grand plateau de bois. On prend alors de la main droite une forme de Fondus par la pointe, et de la gauche on la soulève par un des bords de la partie la plus évasée. Dans cette position on la fait tomber perpendiculairement de la hauteur de 30 centimètres sur le plateau, et si un seul coup ne suffit pas pour détacher le pain de la forme, on lui en fait éprouver un second de la même manière. Dès que le pain s'est séparé des parois de la forme, on soulève celle-ci, on la met à part et on continue cette opération sur d'autres formes de Fondus.

. Ce Sucre en pain brut, de couleur grise, est très-pesant et bien cristallisé. La pointe du pain se trouve encore imbibée de Sirop ; on enlève cette dernière portion à l'aide d'un instrument tranchant, et les têtes de Fondus sont employées à de nouvelles fontes de Sucre gras.

Le Sirop qui résulte de la préparation des Fondus est très-coloré ; c'est une combinaison de Mélasse et de Sucre cristallisable dont le Raffineur profite encore en introduisant ce Sirop dans la fabrication des Vergeoises.

Il est encore un autre moyen de dépouiller le Sucre brut de la mélasse et de lui faire acquérir les qualités de Sucre terré. Ce mode, que j'ai imaginé et utilisé avec le plus grand succès, devra être employé de la manière suivante :

On étend sur le sol briqueté, au-devant des bacs à Sucre, environ 2 à 300 kilogrammes de Sucre brut ; on l'asperge avec de l'eau froide, au moyen d'un balais de bruyère qu'on plonge de temps en temps dans un baquet d'eau. Tandis qu'un ouvrier fait cette aspersion ménagée, un autre remue avec une pelle de fer le Sucre mouillé, pour combiner l'eau avec toute la masse de Sucre brut. On continue cette aspersion jusqu'à ce que le mélange soit bien fait, qu'il présente l'aspect d'une pâte agglomérée, susceptible néanmoins de conserver assez de consistance en la pressant dans la main, et d'imprégner celle-ci légèrement de Sirop.

Alors on met au fond d'un certain nombre de grandes formes, une à deux poignées de foin ou de chaume ; puis, à l'aide de la pelle, on les remplit de ce Sucre mouillé ; on les transporte les unes après les autres sous le tracas de la chambre chaude, et on les élève aux divers étages au moyen du bourrelet et de l'appareil fixé au tracas supérieur.

Les formes remplies de ce Sucre humecté étant parvenues à la chambre chaude, on les met sur pot, et le Mucoso sucré s'écoule à travers le chaume qui se trouve à la paroi intérieure de la pointe de la forme. L'écoulement de ce Sirop est favorisé par l'action simultanée de l'eau et du calorique. Au bout de 10 à 12 jours, le Sucre qui reste dans la forme est parfaitement sec, comme s'il avait été terré. Il n'attire pas l'humidité de l'air, et son grain se trouve aussi bien cristallisé qu'avant cette opération qui remplace avantageusement le terrage.

Le Mucoso sucré qui s'écoule du Sucre brut, au moyen de ce procédé, est bien moins coloré que celui provenant de la préparation des Fondus ; il n'a pas, comme ce dernier, une saveur caramelée ; sa propriété sucrante ne reçoit aucun genre d'altération. En le faisant bouillir dans une chaudière évasée avec dix pour cent de charbon animal, clarifiant par les blancs d'œufs et filtrant ce Sirop par les procédés ordinaires, on le fait rapprocher rapidement à grand feu dans une chaudière à bascule jusqu'à 32 degrés bouillant de l'aréomètre. En cet état, ce Sirop peut suppléer le Sucre dans tous les cas où l'on aurait l'emploi des Sucres roux ou des Vergeoises.

Au reste, ce procédé n'est applicable qu'au Sucre brut dont le grain est plus ou moins divisé ; il ne peut être employé sur les emplâtres dont l'agglomération et la viscosité exigent qu'ils soient réduits en Fondus par le moyen déjà indiqué.

§ VII.

De la Clarification du Sucre Brut et de sa Conversion en Sirop.

On remplit d'abord au tiers la chaudière d'eau commune, puis on y ajoute six à sept litres de sang de bœuf (1) qu'on a fouetté avec une égale quantité d'eau, au moyen d'un bon fouet d'osier ou de bruyère. (Ces proportions de sang sont relatives à l'emploi de six cents kilogrammes de Sucre). On allume le feu, soit avec le bois, soit avec le charbon de terre. Cela fait, deux ouvriers portent dans des baquets le Sucre brut qu'on jette dans la chaudière; on y ajoute des pains de Fondus, coupés par morceaux, si le Raffineur en a préparé. On agite bien le mélange avec un mouveron pour faciliter la dissolution du Sucre. On continue d'ajouter du Sucre brut à la chaudière, et on remue constamment jusqu'à

---

(1) Pour que le sang de bœuf puisse être employé à la Raffinerie, il faut qu'il soit fortement fouetté au sortir du cou de l'animal. Par ce moyen, l'air atmosphérique qu'on y combine entretient sa liquidité ; sans quoi il se convertirait en caillot et en sérum.

ce qu'on en ait employé environ six cents kilogrammes, ou que le mélange marque 31 à 32 degrés de l'aréomètre. A ce terme on essaie si le Sirop dans lequel on plonge un thermomètre de Réaumur est à 70 degrés de chaleur. C'est à ce degré de température qu'on ajoute à la chaudière cent cinquante grammes de chaux vive (1) qu'on a fait fuser dans trois à quatre litres d'eau. On remue soigneusement le Sirop après cette addition, et on y jette aussitôt dix pour cent de charbon animal sur la quantité de Sucre employé à la clarification. Ainsi 60 kilogrammes de ce charbon sont nécessaires à l'emploi de six cents kilogrammes de Sucre.

Dès que le charbon animal a été introduit dans le Sirop, on remue fortement le mé-

----

(1) Quelques Raffineurs préfèrent employer, au lieu d'eau commune et de la quantité de chaux déjà déterminée, de l'eau de chaux très-légère dont ils ont un grand bac qui contient des masses considérables de ce liquide. En pesant la chaux, le procédé paraît plus certain et plus régulier, car un excès de chaux colore et altère fortement le Sucre. C'est pourquoi il est des Raffineurs qui, pour clarifier le sucre brut, n'emploient que de l'eau commune ; dans ce cas, ils ajoutent un lait de chaux à la clarification des sirops pour la préparation des Bâtardes.

lange, et on divise avec une truelle les grumeaux de charbon que l'ouvrier a soin de chercher et de rapporter avec le mouveron. On agite encore le mélange pendant un quart d'heure, après lequel temps on le laisse en repos. C'est alors qu'il importe que l'ouvrier conduise le feu doucement, de manière à ce qu'il ne se laisse pas surprendre par une trop prompte ébullition du Sirop : il devra ouvrir de temps en temps la porte du fourneau, et si l'ébullition était sur le point de se manifester par l'élévation du liquide, il jettera un à deux *pucheux* d'eau sur le feu ; puis il aspergera la superficie du Sirop avec un balais de bruyère, qu'il plongera dans un baquet d'eau, pour empêcher que le liquide en bouillant ne verse par-dessus les bords de la chaudière. Par cette aspersion il affaisse les écumes et facilite la clarification du Sirop, qui réussit toujours en opérant exactement comme je l'indique.

Cette opération faite, le clarifieur fait entrer le robinet de la chaudière dans le tuyau mobile dont les deux extrémités sont recourbées ; l'une de ses extrémités courbes est introduite dans l'ouverture de la caisse à filtrer ; il ouvre alors le robinet par lequel le Sirop s'échappe rapidement dans le filtre.

Dès l'instant que le Sirop est introduit dans

le filtre, on reçoit par un robinet et au moyen de conduites de métal, le Sirop trouble dans un réservoir particulier. On fait parvenir ce Sirop dans la chaudière pour en opérer de nouveau la filtration ; lorsque le Sirop passe clair, il continue en filtrant, de couler par le robinet et des conduites, d'où il se jette dans un réservoir de cuivre placé au-dessous de la caisse à filtrer. Deux heures suffisent pour que le Sirop ait totalement passé. Ce Sirop marque environ 28 à 29 degrés à l'aréomètre.

La clarification étant terminée, on charge encore au tiers d'eau commune la chaudière à clarifier, et on procède, comme il vient d'être dit, par une seconde chauffe ; à la troisième, on se sert, au lieu d'eau, de celle qui a été employée au lavage des écumes dont j'entretiendrai plus bas le lecteur.

Les agens qui opèrent dans la clarification, sont, comme on voit, la chaux, le sang et le charbon animal. Le premier enlève au Sucre les dernières portions d'acide et le dégraisse. Le second enveloppe, en formant un réseau albumineux, les corps étrangers qui troublent la transparence du Sirop, et le troisième a la propriété de le décolorer. C'est surtout à la bonne qualité du charbon animal et à son extrême division que sont dus les principaux

succès du Raffinage du Sucre. Aussi l'introduction de cette substance dans ce genre d'industrie doit elle être considérée comme l'un
des plus grands perfectionnemens qu'il ait pu
acquérir.

A défaut de sang de bœuf, on pourra se
servir de celui de mouton, en ayant le soin
d'en employer davantage. Dans les villes où
le sang est plus rare, on peut employer les
blancs et les jaunes de 16 à 20 œufs sur chaque
100 kilogrammes de Sucre ; mais le sang est
le plus puissant moyen pour clarifier cette
substance. Car si une Raffinerie se trouve située
dans une petite Ville, où l'on consomme par
conséquent moins de bêtes à corne, il importe
alors que le Raffineur s'approvisionne dans
d'autres Communes plus populeuses.

Pour conserver le sang durant le transport,
on aura soin de faire brûler dans les futailles
destinées à le recevoir, une à deux mèches
soufrées dont le gaz acide sulfureux empêche,
ou retarde la putréfaction de cette substance
animale. Si on fait absorber au sang, par l'agitation, deux volumes de gaz acide sulfureux,
on le conserve pendant plus de 20 jours ;
dans cet état il ne communique, par son
emploi, aucune saveur désagréable au Sucre ;
c'est le résultat que j'ai obtenu en 1816 et

1817, avec M. Pierre Poutet, mon frère, et Loze cadet, en employant le sang muté par ce gaz acide.

Au reste, le sang qui commence à entrer en putréfaction clarifie tout aussi bien le Sucre que le sang frais ; il a seulement l'inconvénient de fournir un Sirop bien moins décoloré et de procurer au Sucre raffiné et aux produits secondaires, tels que les Bâtardes et les Vergeoises, une saveur et une odeur fort désagréables.

Lorsqu'on a reçu des provisions de sang à la fabrique, on introduit ce clarifiant dans de grands pots de grès servant à l'écoulement des Bâtardes, et on les place dans le lieu le plus frais de l'atelier avec une couche de charbon végétal en poudre à la surface du sang. Ce moyen contribue également à la conservation de cette substance clarifiante.

Un Négociant de Marseille a concédé par brevet d'importation, à deux Raffineurs de Sucre, la faculté de se servir du filtre de *Taylor*. Au moyen de ce filtre, il promet que ces Raffineurs pourront se passer du sang de bœuf pour clarifier le Sucre, et sans doute de toute autre substance albumineuse. On assure que la clarification du Sucre brut s'opérera avec succès, avec ou sans l'emploi du charbon animal. Dans le premier cas, le Sirop sera mieux décoloré et obtenu à un degré de densité plus élevé que par le procédé ordinaire; dans le second, il sera aussi concentré en filtrant, mais moins bien décoloré. L'intérêt que je prends à tout ce qui se rapporte à la prospérité de nos Manufactures, me fait faire des vœux pour la réussite de ce mode de clarification.

Quoique j'aie reçu quelques documens sur la construction intérieure du filtre de *Taylor*, et que j'aie déjà vu les caisses et des pièces de métal qui devront servir à ce genre de filtration, je crois ne pas devoir en parler jusqu'au moment où l'on aura la certitude de la manière d'agir de ces appareils, qui, au surplus, me paraissent très-ingénieux. En se bornant à raisonner sur les avantages qu'on peut en retirer, on peut observer seulement que si le Sirop en ébullition ne se trouve en contact qu'avec le noir animal, il est mieux décoloré après la filtration que dans le cas où les molécules de ce charbon sont partiellement enveloppées de la substance albumineuse. En effet, si on traite le Sucre brut avec dix pour cent de charbon animal, qu'on fasse bouillir ce mélange, et qu'on y ajoute plus tard une eau de blancs d'œufs, le Sirop est mieux décoloré que si , avec les mêmes agens , l'emploi de l'albumine précéde celui du charbon.

M. *Payen* , chimiste manufacturier à Paris, possède un brevet d'invention pour clarifier le Sucre au moyen de la vapeur comprimée et de la pression atmosphérique. Sans doute l'auteur entend qu'on devra employer , par son procédé , le charbon animal dont l'utilité devient indispensable pour la décoloration du Sucre. Lors même que cette matière sucrante se trouve sous l'influence du charbon par la clarification à feu nu , il n'en est pas moins vrai qu'elle reçoit une altération d'autant plus manifeste que le calorique traverse une plus haute colonne de Sirop. J'ai été convaincu de ce fait à l'aide de mes expériences sur la clarification à la vapeur par un procédé qui m'est particulier. Le Sirop résultant de ce dernier moyen a été obtenu mieux décoloré que par le procédé ordinaire , toutefois en opérant sur le même Sucre. Mon système de clarification est tel que le Sirop est complè-tement clarifié à 78 degrés du thermomètre de Réaumur , et qu'il filtre facilement à ce degré de chaleur : cuit par un mode que j'ai égale-ment imaginé , le Sirop , en bouillant , ne reçoit pas d'altération qu'on lui reconnaît par son rapprochement dans les chaudières à bascule. L'exécution de mes procédés pour la cuite et la clarification, est applicable au Raffinage du Sucre, et ne nécessite point l'emploi des pompes pneumatiques, ni d'aucune force motrice.

§ VIII.

Du Lavage des Écumes.

Par l'ancien procédé, le résultat du Lavage des Écumes était rapproché aux dépens de beaucoup de temps et de combustible : le Sirop qui en provenait entrait dans la composition des Bâtardes. Aujourd'hui les Raffineurs, plus éclairés, ont imaginé de faire entrer les eaux du Lavage dans la fabrication du Sucre Raffiné. Le procédé que je vais décrire est autant usité à Paris qu'à Marseille où il est utilisé depuis plus de cinq ans.

On remplit à moitié d'eau commune la chaudière destinée au travail des Écumes ; on la fait chauffer jusqu'à la température voisine de l'ébullition : on y jette alors tout le charbon animal empreint du Sirop de la clarification précédente. Pour cela, on l'enlève de dessus la toile forte au moyen d'un pucheux, tandis qu'un autre ouvrier le reçoit dans un baquet d'où il est ensuite versé dans la chaudière : au fur et à mesure qu'on y jette ce noir en pâte, le clarifieur remue bien ce mélange avec un mouveron, pour qu'il ne s'attache pas au fond du vaisseau. Dès que la liqueur est sur le point de bouillir, on la fait couler toute chaude par le robinet placé au bas de la chaudière, au moyen du tube recourbé communiquant avec une caisse à filtrer, dans laquelle on a placé seulement un filtre de toile ; le liquide filtre rapidement, et marque depuis 4 jusqu'à 6 degrés de l'aréomètre. On rejette ensuite comme inutile ce noir ainsi lavé, après l'avoir soumis dans des sacs de toile à l'action d'une forte presse, et on nettoie à grande eau les blanchets et la toile forte pour servir à d'autres clarifications.

C'est donc avec les eaux résultant de ce Lavage, qu'on charge la chaudière à clarifier, pour opérer une nouvelle solution et clarification du Sucre.

§ IX.

De la Cuite du Sirop.

Le Sirop résultant de la clarification du Sucre brut par le sang et le charbon animal, étant parvenu dans le réservoir, et deux clarifications en ayant fourni de provisions suffisantes , le Raffineur peut alors se livrer aux travaux de la Cuite. Pour cela il allume le feu sous les deux fourneaux des chaudières à bascule , et aussitôt il y fait arriver, au moyen de la pompe et du réservoir situé au-dessus de ces chaudières , environ cent kilogrammes de Sirop. En rappelant que ce réservoir sert à contenir deux cents kilogrammes de liquide, il suffit de soulever la soupape au moyen d'un petit appareil à bascule , pour que le Sirop s'écoule par un tube de métal recourbé et terminé par un boyau de cuir qui le porte dans les chaudières évaporatoires.

Les chaudières étant chargées de Sirop jusqu'à la hauteur de douze centimètres , on pousse le feu pour porter le liquide à l'ébulli-tion. C'est alors qu'on jette un morceau de beurre de la grosseur d'une noix dans le Sirop , pour l'empêcher de se boursoufler et de passer par-dessus les bords de la chaudière. On entretient un feu vif sous les bassines afin d'accélérer la concentration du Sirop qu'on écume avec soin. De temps en temps le contre-maître plonge un mouveron dans la chaudière , et prend la preuve en passant le pouce sur le mouveron empreint de Sirop bouillant ; il le comprime en approchant le doigt *index* du pouce, et si en écartant ces deux doigts de 2 à 3 centimètres, le filet de sucre cuit se casse en formant un crochet, il juge que le Sirop est à son degré de cuisson. Il est des contre-maîtres qui, après avoir écarté doucement les deux doigts de l'espace déjà précité, les rapprochent d'un centimètre, et si le filet descend en forme d'une petite anse, c'est une preuve que le Sirop est cuit.

Indépendamment de ces deux modes certains de prendre la Cuite, en voici un troisième par lequel le Sirop, essayé à un bon aréomètre, doit y marquer 38 degrés. A cet effet, on prend du Sirop bouillant dans un grand tube de métal muni d'un assez long manche, et on y plonge aussitôt l'aréomètre.

Dès que la Cuite est reconnue, on fait basculer la chaudière au moyen de la chaîne du lévier, et le Sirop est versé dans l'un des rafraîchissoirs de cuivre situé à l'Empli. Sur-le-champ on soulève la soupape du réservoir supérieur pour charger de nouveau la chaudière de Sirop clarifié.

Le plus grand rafraîchissoir doit contenir le résultat de deux clarifications. C'est pourquoi on y verse successivement plusieurs cuites de Sirop au fur et mesure qu'elles sont achevées, en observant toujours de ne jamais couler

un sirop bouillant sur un autre qui se refroidit, parce que tous les deux se colorent
ensemble. Pour cela, le Raffineur doit avoir
trois rafraîchissoirs dans l'Empli, l'un très-
grand pour recevoir le résultat d'un assez
grand nombre de Cuites, au milieu de deux
autres plus petits, exposés au - dessous de
chacun des couloirs qui reçoivent le Sucre
cuit des deux chaudières à bascule. Dix minutes après qu'une cuite de sirop est versée
dans l'un de ces rafraîchissoirs, un ouvrier
l'enlève au moyen d'un pucheux et la jette
dans le plus grand de ces vaisseaux où l'on
rassemble toutes les Cuites. De demi-heure
en demi-heure, le maître de l'Empli fait agiter,
pendant quelques minutes, le Sirop avec un
mouveron, modifie par ce moyen l'action
énergique du calorique sur le Sucre, et combine au Sirop une certaine quantité d'air atmosphérique favorable à sa cristallisation : il
réitère ces agitations par intervalles, jusqu'à
ce que le rafraîchissoir soit presque rempli
de Sucre cuit et que le Sirop renferme une
multitude de petits cristaux de Sucre. A ce
terme on en remplit les formes ; mais comme
cette opération est inhérente aux travaux de
l'Empli, je la préciserai dans le paragraphe
suivant. Jusqu'ici je n'ai fait connaître au

Travaux de l'Empli.

lith. de Brisson

lecteur que les manipulations simultanées de l'Empli et de la Cuite.

Le degré de cuisson du Sirop dépend aussi de la capacité des formes employées à divers Emplis. Or, la Cuite portée à 37 degrés de densité, pourra convenir pour les petites formes dont on retire des pains de 2 kilogrammes, tandis qu'on cuira à 38 degrés le Sirop pour des formes de moyenne capacité. Enfin, on pourra cuire à 39 degrés le Sucre dont on remplit des formes servant à obtenir des pains de 6 kilogrammes.

Dans un autre paragraphe je parlerai de la Cuite du Sirop dans des sphéroïdes en cuivre, au moyen de la pompe pneumatique.

§ X.

Des Travaux de l'Empli.

L'Empli est une salle dont la grandeur est proportionnée aux travaux d'une Raffinerie : le sol en est parfaitement nivelé et bien pavé en briques ; il doit être situé derrière les fourneaux de la Cuite.

C'est pourquoi je ferai encore observer que les chaudières, en basculant, laissent échapper rapidement le Sirop par le bec qui est très-rapproché d'une large ouverture pratiquée entre le mur mitoyen de la Cuite et de l'Empli, et sous laquelle se trouve un coùloir incliné pour faire parvenir ce Sirop dans un rafraîchissoir.

Dès que les travaux de la cuite sont presque suffisans pour remplir le grand rafraîchissoir, le maître de l'Empli a déjà retiré de l'eau, au moyen d'un crochet, les formes qui ont trempé pendant dix à douze heures dans le bac (1) rempli de ce liquide, et a bouché les trous de ces formes avec de petits tampons de linge mouillé. Il plante, c'est-à-dire qu'il arrange debout, la pointe en bas, toutes les formes, avec l'attention qu'elles soient bien de niveau et en contact par la partie la plus évasée. On en met trois rangs les uns devant les autres et en alignement parfait. Des formes cassées ou felées sont interposées sur leurs bases, aux espaces vides de celles où l'on doit couler le Sucre cuit, dans le seul but de leur servir de support.

---

(1) Pour ne pas laisser des lacunes entre les diverses opérations de la clarification et de la cuite du Sucre, de celles de l'Empli et du Grenier, je destinerai plus bas un paragraphe sur les Bacs à Forme, et un autre sur les Bacs à Terre, à l'article *Terrage*.

En même temps le maître de l'Empli fait agiter avec le mouveron les cuites de Sirop qu'on a successivement réunies dans le rafraîchissoir. Dès que ce Sirop renferme une infinité de petits cristaux de Sucre, un ouvrier en prend avec un pucheux ou grande cuiller munie d'un long manche, en remplit un bassin de cuivre à deux anses, se terminant par un couloir. Un autre ouvrier tient le bassin appuyé sur un canap posé à côté du rafraîchissoir, et va verser le Sirop qu'il contient dans les formes parfaitement consolidées.

Lorsque toutes les formes sont remplies à un centimètre au-dessous de leur bord, le maître de l'Empli essaie si leurs fonds contiennent une certaine quantité de cristaux, ce dont il s'assure en plongeant dans le Sirop une longue spatule de bois flexible, connue aussi sous le nom de *mouveron*, taillée à deux tranchans émoussés, de la largeur de 2 centimètres et 5 millimètres, de l'épaisseur au centre de 4 à 5 millimètres, et de 125 centimètres de longueur. Le manche de ce mouveron est arrondi pour pouvoir le tourner dans la main et dans le sens qu'on veut opérer. C'est alors qu'avec ce même instrument le chef de l'Empli ordonne à quelques ouvriers d'*opaler* le Sirop qui est déjà recouvert d'une légère croûte de Sucre.

L'*Opalage* s'exécute en faisant une fois le tour de la paroi intérieure de la forme avec le mouveron qu'on plonge perpendiculairement jusqu'au fond de ce vase ; on le tient de la main droite, et on le fait agir de manière à ce que la partie plate de l'instrument soit portée immédiatement à côté de l'endroit que l'on vient de mouver, et successivement jusqu'à ce qu'on arrive à peu près à celui où on a commencé l'opalage.

Après que le Sucre de toutes les formes a été opalé, on attend que le Sirop renferme une plus grande quantité de Sucre cristallisé et que les croûtes qui recouvrent la superficie du Sirop soient plus épaisses pour exécuter le mouvage. A cet effet, le chef de l'Empli s'arrête à la preuve suivante. Il plonge successivement le mouveron dans deux ou trois formes éloignées les unes des autres, et s'il trouve qu'en le plongeant parfaitement au fond et au milieu de chacune d'elles, l'instrument abandonné à lui-même reste presque debout, il ordonne alors le *mouvage*.

Tous les ouvriers saisissent encore de la main droite le mouveron avec l'extrémité duquel ils commencent de briser les plus fortes croûtes qui recouvrent la superficie du Sirop ; puis ils plongent l'instrument dans la forme ;

ils l'en retirent et le font agir de la même manière que je l'indique pour l'opalage, à la seule différence qu'ils font avec le mouveron une fois et demie le tour de la forme.

Cette opération faite sur le Sucre de toutes les formes, on le laisse se cristalliser. Dans moins d'une heure le Sucre a acquis une certaine solidité.

La quantité de formes de cette opération n'occupant que trois rangs, on procède à d'autres cuites de Sirop et à d'autres rangées de formes dans lesquelles on coule aussi du Sucre cuit; c'est ce qu'on appelle *faire un second Empli*.

La température de l'Empli est très-chaude, parce que les tuyaux de cheminée des chaudières à bascule reposent sur le mur mitoyen de l'Empli et de l'atelier de la Cuite. Cette température, qui est portée à 25 à 30 degrés *Réaumur*, est nécessaire pour opérer la cristallisation convenable du Sucre, ou pour mieux dire, afin que le refroidissement du Sirop ne soit pas trop rapide, ce qui ferait naître l'inconvénient grave d'*engraisser* le Sucre dont le blanchîment ne peut entièrement s'opérer dans les opérations du terrage.

L'*Engraissage* n'est que le résultat de la division moléculaire du Sucre, d'où il s'en-

suit qu'on obtient une cristallisation pâteuse :
il a surtout lieu si on coule le Sucre trop
tard dans les formes , si on ne ferme pas
exactement le porte de l'Empli, ou lorsqu'un
air froid s'y introduit , au cas enfin qu'on
laisse dépasser le terme où le mouveron est
sur le point de se tenir debout dans le sirop
cristallisé.

Dès le lendemain matin on monte les formes
renfermant le Sucre cuit, dans les greniers,
par des trappes d'un mètre carré , pratiquées
aux angles de différens étages , de manière
à ce que la première trappe que j'ai désignée
sous le nom de Tracas , se trouve exactement
dans la même direction verticale que la dernière. On fait arriver les pains dans les greniers à l'aide du bourrelet et d'une poulie située
au-dessus du tracas supérieur.

J'ai précisé les opérations que l'on pratique
le plus généralement à l'Empli, mais il est
un certain nombre de Raffineurs qui, après
avoir introduit le Sucre cuit dans les formes,
ne le font pas opaler et n'exécutent que le
mouvage ; d'autres ne le font pas mouver du
tout dans les formes, et le font agiter plus
long-temps dans le rafraîchissoir. Pour cela,
ils ont également dans l'Empli deux petits
rafraîchissoirs pour recevoir toutes les cuites,

et un troisième plus grand pour les transvaser successivement : ils continuent d'agiter le Sirop après le transvasement, à l'aide du mouveron, jusqu'à ce qu'on aperçoive une assez grande quantité de cristaux disséminés dans la masse du Sirop cuit. Cependant il faut prendre garde que la matière ne s'épaississe trop dans le rafraîchissoir avant de la verser dans les formes : il vaut mieux pécher par un peu moins que par trop de consistance du Sirop en cristallisation. Ce procédé produit des Sucres en pain plus blancs, mais moins solidement cristallisés : il faut beaucoup d'attention pour pouvoir l'exécuter régulièrement. Il est des Raffineurs qui l'ont abandonné en ce qu'ils avaient trop de *cassés*, et alors ils ont préféré employer l'agitation par intervalles dans le rafraîchissoir, puis le mouvage. Au moyen de ces précautions, qui tiennent un milieu entre la méthode ancienne et nouvelle, on obtient des Sucres en pain plus solides, d'un grain plus brillant, et offrant moins de chances de succès pour la fabrication.

J'ai dit, page 57, qu'à certain signe de cristallisation du Sirop, on en remplissait, à un centimètre près, les formes déjà plantées. Je dois faire observer qu'auparavant, le maître de l'Empli a soin de ne verser du

Sucre cuit dans toutes les formes qu'à cinq centimètres au-dessous de leurs bords ; qu'ensuite il achève de les remplir avec le restant du Sirop plus grenu qu'il a gardé dans le rafraîchissoir , pour le mêler à la totalité de celui qu'on a déjà versé dans les formes : sans cette précaution , les unes manqueraient de Sucre cristallisé , tandis que les autres ne produiraient que des pains engraissés, ou dont le grain trop serré empêcherait l'action du terrage.

§ XI.

Des Opérations du Grenier.

Lorsque toutes les formes contenant le Sucre cuit ont été montées dans le Grenier par le tracas de la chambre chaude, on enlève le petit tampon de linge qu'on avait mis au trou de chaque forme. On élève chacune d'elles par la main gauche, la pointe en bas, et de la droite on introduit perpendiculairement par le trou une alêne avec laquelle on perce le pain jusqu'à la profondeur de 2 à 3 centimètres ; puis on place irrégulièrement les formes sur des pots adossés contre le mur du Grenier , et on y laisse égoutter le premier Sirop connu sous le nom de *Sirop non*

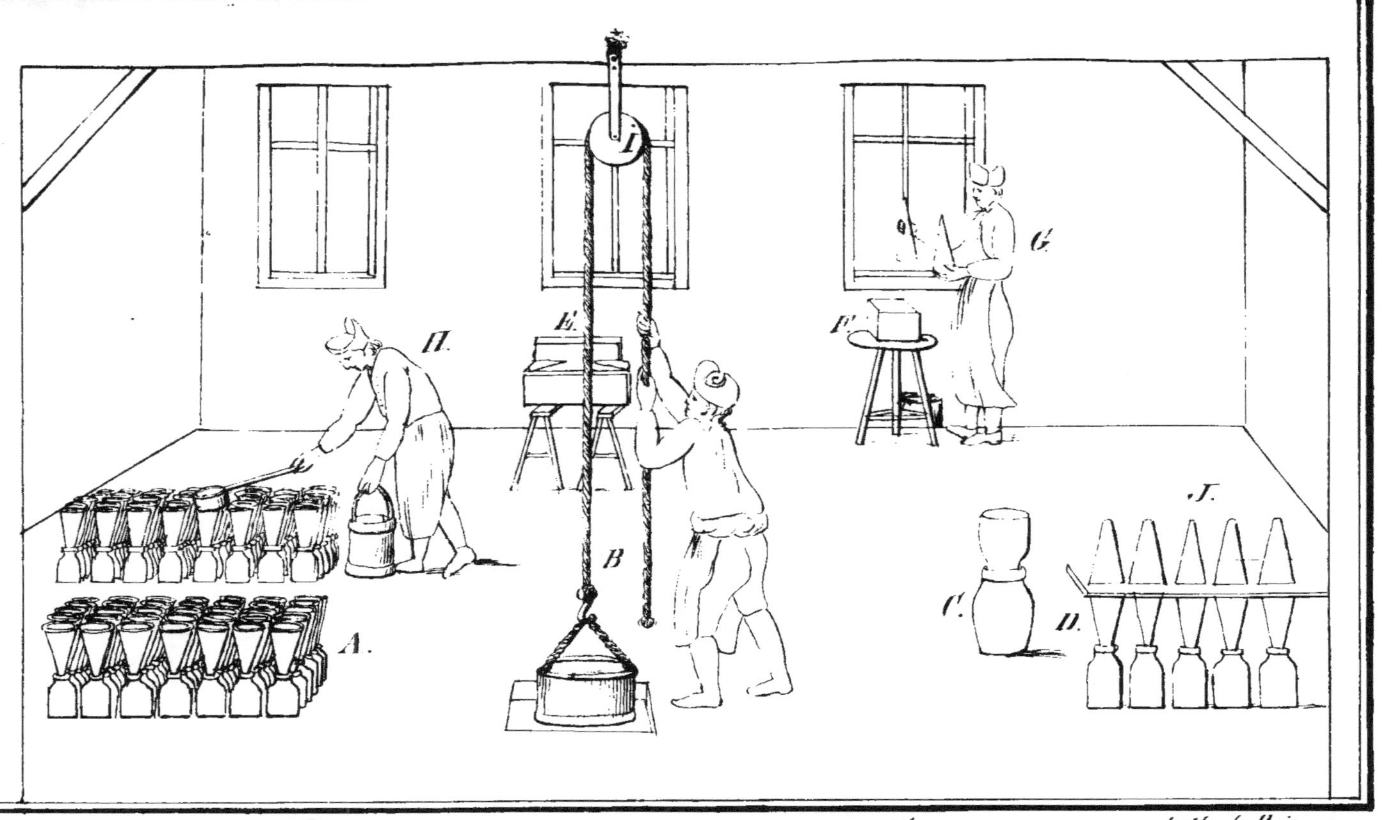

Travaux du Grenier et du Terrage

couvert. Trois à quatre jours suffisent pour cet égouttage ; si le raffinage dure six jours , vers le huitième toutes les formes devront être régulièrement *plantées*. On était dans l'usage de *locher* tous les pains avant de les planter et de les terrer ; aujourd'hui cette opération ne se pratique que sur quelques pains pour s'assurer de l'état du raffinage.

On entend par locher un pain , le faire sortir de la forme , soit qu'il ait été ou non terré. Pour cela on prend une forme de chaque Empli , on les place sur un drap étendu dans le Grenier , de manière à ce qu'elles soient retournées sur leurs bases , la pointe en haut. On attend quelques minutes pour que le Sirop qui se trouve à la tête du pain puisse se répandre vers la base , et que le pain ne casse pas par l'opération suivante ; alors on saisit la forme de la main droite par la pointe , et de la gauche par la por- tion la plus évasée ; on la soulève et on la fait frapper doucement par les bords et à petits coups sur un bloc qu'on a dans le Grenier pour cet usage. On ne tarde pas à s'apercevoir que le pain va se détacher de la forme, et on le reçoit sur la main gauche. On examine s'il est d'une couleur plus ou moins blonde , ou tirant sur un blanc sale ;

si à la pointe il n'a qu'un espace de 4 à 5 centimètres où le Sirop est resté rassemblé ; si
le grain du Sucre est fin, avec rapprochement
de ses molécules, et que le pain soit pesant,
ce sont autant de signes qui annoncent que
le Sucre a été bien raffiné. Ainsi le pain
étant peu imbibé de Sirop à la pointe, on
dit que *le pain a peu de tête*, et alors le
Raffineur est satisfait. Lorsqu'au contraire l'extrémité est empreinte de 8 à 9 centimètres
de Sirop, on dit que *le pain a trop de tête*,
et c'est une preuve que le Sirop n'ayant pas
bien coulé, le Sucre est d'un grain trop serré
ou pâteux et n'a pas été raffiné avec soin.
Ces signes sont les plus importans pour reconnaître la réussite ou l'insuccès d'un raffinage.

J'ai dit que pour examiner le pain sorti
de la forme, on tenait celle-ci de la main
droite ; alors on l'élève perpendiculairement
au-dessus du pain qu'on a eu soin de ne
pas déranger de sa position, et de la main
gauche on l'introduit encore dans la forme :
pour l'y replacer parfaitement, on le retourne
en sens divers en le dirigeant vers la pointe
jusqu'à ce qu'il *soit bien en place*, ce qui se
fait très-promptement par les personnes exercées aux travaux du Grenier.

Quelques pains étant ainsi reconnus pour

s'assurer de l'état du raffinage, on vide tous les pots du Sirop non couvert dans d'autres beaucoup plus grands, et on le conserve pour la fabrication des Bâtardes. Cela fait, on *plante* les pains. *Planter*, c'est introduire la pointe de chaque forme dans l'ouverture d'autant de pots : la première rangée de ces vases se fait en les adossant contre le mur du Grenier; on en établit *divers lits* proportionnés à la grandeur des salles.

Ainsi un Grenier peut contenir six à huit lits, qui sont des parallélogrammes ou carrés longs de huit à dix mètres de longueur sur trois de largeur, garnis de pots qui supportent les pains de Sucre. On en dispose plusieurs rangées, de sorte que chaque forme se trouve en contact immédiat avec celle qui suit. On laisse entre chacun de ces lits un espace d'un mètre de largeur et de la longueur des lits, pour pouvoir circuler aux alentours de ces appareils en y pratiquant les opérations du terrage.

En d'autres termes, *former les lits*, c'est faire des bandes de formes qui traversent le Grenier : on les compose de 12 formes posées sur leurs pots, les unes à côté des autres, si elles sont de moyenne capacité : on n'en met que 10 et même 8 seulement sur la même ligne, si les formes sont assez grandes pour fournir des pains de 4 à 6 kilogrammes. Le Raffineur ne donne qu'une certaine largeur aux lits, afin qu'il puisse atteindre au milieu pour tout ce qui a trait aux travaux du Grenier.

L'art de planter les pains exige l'emploi de personnes accoutumées à ce travail. Un Raffineur ne doit pas faire d'essai en ce genre; il doit avoir un bon maître de Grenier qui, par ses documens et son adresse, forme autant d'ouvriers nécessaires à ces sortes d'opérations.

L'essentiel, c'est de bien assujettir toutes les formes dans leurs pots et de consolider la forme voisine de celle qu'on a déjà plantée. Pour cela, on tient de la main gauche la partie inférieure de la forme, et de la droite on frappe avec le poing sur le bord de la partie la plus évasée. On a soin de placer à des distances convenables deux pots l'un sur l'autre, servant de support à cet étalage.

Les lits étant disposés de cette manière, on commence à faire les fonds de chaque pain; à cet effet, on se sert d'un fer à foncer. Cet instrument est de la longueur de 25 à 28 centimètres et de l'épaisseur de 2 centimètres à sa poignée : il est effilé à l'une de ses extrémités et recourbé par l'autre qui est absolument plate. On frappe la base (1) du pain avec la partie courbe et plate de l'instrument, et on fonce cette portion de Sucre au milieu où il s'est formé un vide que les Raffineurs de Marseille appellent *fontaine*. On remplit alors ce vide, augmenté par la percussion, avec une forte poignée de Sucre terré (*deuxième* ou *troisième* Martinique ou Havane); on l'unit avec une truelle de forme ronde et avec laquelle on donne un à deux coups sur la surface de chaque pain. Cette opération étant pratiquée sur le raffinage, on procède au terrage de tous les pains de Sucre.

Il existe un nouveau mode de planter les pains avant de les terrer. Par ce moyen on se dispense de mettre les formes sur leurs pots et d'employer un temps considérable pour planter les pains à la méthode ordinaire. A cet effet, on établit dans les Greniers des lits de bois, totalement planchéiés à leur superficie et auxquels on a fait une multitude d'ouvertures, sur une même ligne, parfaitement arrondies, de 16 à 18 centimètres de diamètre; on introduit les formes dans les

-----

(1) J'entends par base du pain la partie la plus évasée, en ce que si le pain est totalement raffiné, c'est cette partie qui lui sert d'appui pour le tenir debout.

ouvertures au fur et mesure qu'elles par-
viennent au Grenier ; des conduites légèrement
inclinées , supportées d'un bout par une traverse et de l'autre sur les bords d'une dalle
de la longueur des lits , servent à recevoir
le Sirop qui découle des pains de Sucre. Pour
cela, chaque conduite est placée transversalement et se trouve tout-à-fait au-dessous de
chaque rangée de formes. Les dalles de divers
lits communiquent avec une conduite géné-
rale qui porte les Sirops couverts et non
couverts des pains dans un réservoir particulier. A l'aide de cet appareil totalement
construit en bois , les Sirops ne fermentent
pas comme ceux qui séjournent dans les pots
durant tout le terrage , et on peut introduire
journellement la quantité de Sirop couvert
dans la clarification pour la préparation du
Sucre raffiné ; il faut seulement de temps à
autre plonger les conduites mobiles dans une
chaudière d'eau bouillante , pour les dépouiller
du Sucre concret qui finirait par empêcher
l'écoulement des Sirops.

Au surplus, cet appareil exige une mise de
fonds plus considérable que par l'achat d'un
nombre de pots suffisans pour l'égouttage des
pains de Sucre ; mais il procure l'avantage de
pouvoir disposer des Sirops à volonté et d'éco-

nomiser la main d'œuvre qui devient plus coûteuse pour l'établissement des lits à la méthode ordinaire.

§ XII.

Du Terrage.

L'opération du Terrage a pour but de laver le grain du Sucre, de le blanchir et de le dépouiller d'un Sirop chargé de matière colorante, au moyen d'un mélange d'eau et de terre. L'eau abandonne la terre, dissout le Sucre avec lequel elle forme un Sirop clair qui s'infiltre à travers le pain, tout en opérant le lavage du Sucre.

La terre la plus propre à cette opération est de la marne crayeuse ; c'est un mélange que la nature produit dans d'immenses carrières et qui est composé de craie et d'argile (chimiquement parlant, de carbonate de chaux et d'alumine). Cette terre est blanche. Celle qui est colorée pourrait communiquer une légère teinte à l'eau avec laquelle on en forme une pâte liquide.

Il est essentiel que ce soit une marne crayeuse, qui puisse servir à cet usage ; car si la terre est trop argileuse, celle-ci retient l'eau, l'air la vaporise, et le pain n'en est pas assez humecté; si au contraire elle est trop chargée de craie, l'eau s'infiltre à travers le pain avec beaucoup de rapidité et dissout trop de Sucre. On peut se procurer à Marseille des échantillons d'une très-bonne marne crayeuse, au quartier de *Séon* d'où on en fournit à toutes les Raffineries de cette Ville.

Pour préparer la terre, on la jette dans un bac en maçonnerie, dit bac-à-terre, et on y fait couler une quantité d'eau suffisante pour la recouvrir. La terre s'humecte, se délite en tout ou en partie dans l'espace d'une demi-journée, puis on fait couler dans le bac une plus grande masse d'eau. On agite le mélange avec un instrument connu sous le nom de *piqueux*, et on le laisse en repos : on soutire l'eau surnageante, au moyen d'un robinet placé à une certaine profondeur du bac; on y jette encore de nouvelle eau, et après un certain temps on en opère le soutirage. Puis on place sur un autre bac voisin du premier une *couleresse* en cuivre, appuyée par ses deux anses sur une échelle qui traverse la partie supérieure du bac : cette couleresse est semi-sphérique; elle a dans toute sa capacité des trous de la grosseur d'une balle de petit calibre; on y jette avec un pucheux la terre détrempée, on la remplit aux deux tiers,

terre avec un mouveron
en pâte à travers ces petites
le cette opération , souvent
sur la terre suffisante pour
de tout le raffinage , deux
chacun un mouveron avec
agitent la pâte en portant
ond du bassin , et en sou-
partie plate du mouveron,
quantité de terre qu'il est
fet , ils appuient le mou-
intérieur du bassin , et le
e qu'ils continuent d'agiter
rois heures , après lequel
u grenier vient essayer si
ce convenable ; pour s'en
ne truelle avec laquelle il
ux décilitres de la pâte
nent sur la totalité de celle
, et si la portion soulevée
e une petite élévation d'un
juge que la terre est assez
e que les ouvriers appel-
ie.

te consistance qu'on peut
d'une première réussite,
e la terre peu détrempée
t trop liquide , soit en y

puis on remue la terre avec un mouveron pour la faire passer en pâte à travers ces petites ouvertures. Lorsque cette opération , souvent réitérée, est faite sur la terre suffisante pour couvrir les pains de tout le raffinage, deux ouvriers prennent chacun un mouveron avec les deux mains , agitent la pâte en portant cet instrument au fond du bassin , et en soulèvent à l'aide de la partie plate du mouveron, une aussi grande quantité de terre qu'il est possible. A cet effet, ils appuient le mouveron sur le bord intérieur du bassin , et le font agir sur la terre qu'ils continuent d'agiter pendant deux à trois heures , après lequel temps le maître du grenier vient essayer si elle a la consistance convenable ; pour s'en assurer, il prend une truelle avec laquelle il soulève environ deux décilitres de la pâte qu'il rejette doucement sur la totalité de celle qu'il veut éprouver , et si la portion soulevée par la truelle forme une petite élévation d'un demi-centimètre , il juge que la terre est assez consistante ; c'est ce que les ouvriers appellent *faire la tranche*.

La terre ayant cette consistance qu'on peut lui donner à défaut d'une première réussite, soit en y ajoutant de la terre peu détrempée au cas où elle serait trop liquide, soit en y combinant de l'eau si elle était trop épaisse, est ensuite transportée au grenier. Pour cela on en remplit des seaux que l'on élève au moyen d'une poulie suspendue au-dessus du tracas supérieur et d'une longue corde à laquelle on a fixé un crochet.

Je ferai observer que lorsque la terre a déjà servi à d'autres raffinages, on la fait bien sécher, puis on la met à tremper deux ou trois jours dans l'eau courante, ou dans l'eau qu'on renouvelle à plusieurs reprises pour la dépouiller de la portion de matière colorante dont elle est chargée. Après avoir fait agir le piqueux sur cette terre, on la passe à travers la couleresse, ensuite on la bat, comme il est dit plus haut, avec le mouveron, pour obtenir une pâte dont les molécules soient très-divisées et qui forme un tout presque homogène. Cette condition est indispensable pour que l'eau de la terre ne s'écoule pas trop rapidement à travers le pain.

Quoique la terre ainsi détrempée ait déjà servi aux raffinages précédens, elle jouit néanmoins des propriétés désirables lorsqu'elle est bien lavée et battue avec soin. L'expérience a cependant démontré que la terre vieille, pour agir plus efficacement, devait être combinée avec une portion de terre nouvelle, de même que cette dernière employée seule au terrage , n'est pas aussi convenable à cette opération que si elle est mêlée avec de la terre vieille.

Quoi qu'il en soit de la préparation de la terre , j'ai dit qu'on la faisait parvenir au grenier dans des seaux pour opérer le terrage. Alors un ouvrier plonge dans le seau une cuiller de cuivre de la contenance de 6 à 8 décilitres ; il la remplit de la terre détrempée , et en verse sur les pains autant que le vide laissé entre le bord intérieur de la forme et la superficie de chaque pain peut en contenir. On se rappellera que le chef de l'Empli ne coule de Sirop cristallisé dans les formes qu'à un centimètre au-dessous de leur bord, et qu'alors cet espace est expressément destiné à être couvert par l'opération du terrage.

Le lendemain une portion de l'eau de la terre s'est déjà infiltrée , ce qui a opéré un affaissement notable à la surface de chaque pain. Alors on remplit ce vide avec de la terre détrempée , c'est ce qu'on appelle un *rafraîchissage*. Il est bon d'observer qu'on garde la veille la portion de terre dont on a besoin pour pratiquer cette opération.

Si le terrage est opéré pendant l'hiver , on ne chauffe le poêle du grenier qu'au troisième ou quatrième jour pour accélérer le coulage du Sirop et la dessiccation des terres. L'été la température atmosphérique suffit pour obtenir le même résultat.

Les greniers sont pourvus de quelques contrevents qu'on ferme avec soin lorsqu'il fait des temps trop secs. On les ouvre en temps opportuns dans le cas où les terres se dessèchent lentement. Il faut établir en principe que pour que l'eau de la terre s'infiltre bien à travers les pains, il ne faut durant les premiers jours, ni calorique artificiel, ni les contrevents ouverts. Avec ces précautions le terrage s'opère régulièrement : elles sont indispensables pour que l'eau destinée à laver le Sucre ne se vaporise pas, et que la chaleur qui doit seconder les effets du terrage ne se fasse sentir dans le grenier que lorsque cette eau a presque entièrement traversé le pain de Sucre. Par ce moyen le calorique introduit subséquemment facilite beaucoup l'écoulement du Sirop chargé de matière colorante.

Neuf à dix jours suffisent pour le premier terrage ; alors les terres ou *esquives* étant sèches, on les enlève de dessus les pains pour achever leur dessiccation et les préparer à d'autres terrages. Dès que les pains sont dépouillés de leur première terre, on en gratte

la superficie au moyen du tranchant du fer
à foncer, et aussitôt on l'unit bien avec une
truelle ronde que l'on fait agir sur la portion
de Sucre divisée à l'aide de cet instrument.
Lorsque cette opération est faite sur tous
les pains, on procède au second et dernier
terrage. C'est alors que l'état du raffinage est
l'indicateur de la quantité de terre détrempée
dont il faut couvrir les pains : si après en
avoir loché quelques-uns, on voit qu'ils sont
blancs dans la presque totalité de leur longueur, et que leurs têtes sont partiellement
blanches, deux centimètres de terre sur chaque
pain suffisent pour achever leur épuration.
Si, au contraire, la généralité du raffinage est
encore empreinte des traces jaunâtres qui partent du milieu des pains, en se prolongeant
jusqu'à la pointe, il est indispensable de
couvrir les pains de 3 centimètres de terre.

- On ne peut préciser le terme auquel on
doit enlever les esquives du second terrage.
Il suffit d'avoir essayé sur un assez grand
nombre de pains de chaque lit, que le Sucre
est parfaitement terré, pour qu'on n'attende
pas l'entière dessiccation des terres. Six à huit
jours sont quelquefois suffisans pour obtenir
ce résultat, qui s'annonce par la blancheur
totale du pain et surtout par celle de la tête

et du trou qu'on y a pratiqué avant de les terrer. C'est dans l'intérieur de cette ouverture que l'œil du maître de grenier doit être fixé, pour s'assurer s'il n'aperçoit pas encore des taches jaunes ou rougeâtres. Dans le cas où les têtes de pains ne sont pas bien nettes, on attend que les esquives soient presque sèches, et que l'eau dont elles sont encore imprégnées s'infiltre bien à travers les pains et les ait totalement lavés.

Il est rare que pour bien terrer les pains d'un raffinage, on soit obligé de les couvrir d'une troisième terre : c'est seulement dans le cas où le terme de la cuisson du Sucre aurait été dépassé, que le rapprochement des cristaux ne permet pas à l'eau de la terre de les laver dans le même espace de temps que si la cuite, en terme de l'art, n'a pas été *trop serrée.*

Au moyen de deux terrages les pains baissent d'environ 5 centimètres, c'est-à-dire que le Sucre a été dissous peu à peu à cette profondeur par l'eau de la terre.

Les pains étant bien nets et exempts de roux, on enlève les esquives, puis on détache avec un couteau la portion de terre qui reste attachée à la paroi de chaque forme; on la ramasse à la surface des pains, et on la jette dans un vase destiné à cet usage. Cela fait, les ouvriers, sans défaire les lits, prennent les formes les unes après les autres, les retournent et les placent par la base sur leurs pots, la pointe en haut : ils les laissent en cet état pendant un quart d'heure, après quoi ils transportent un bloc dans le grenier et procèdent au plamotage (1). A cet effet, ils saisissent chaque forme par la pointe de la main droite, et de la gauche par la partie la plus évasée ; ils mettent la main ouverte sous le pain qu'ils soulèvent par la pointe, et font doucement frapper le bord de la forme sur le bloc, puis un peu plus fort, s'il le faut, pour que le pain puisse se détacher de 2 à 3 millimètres de la paroi intérieure ; on l'enfonce aussitôt après cette légère percussion, et on remet chaque forme sur pot, la pointe en bas, pour faire écouler le Sirop d'*égout*.

Pendant que des ouvriers retournent un certain nombre de formes et laissent le Sirop se répandre vers la base des pains, d'autres procèdent au plamotage ; on évite ainsi de

---

(1) Depuis quelques années, le plamotage, qui consiste à locher un pain et à le faire sortir de la forme, puis à l'y replacer, s'exécute comme je l'indique, sans en faire sortir le pain ; c'est ce qu'on appelle *donner le coup*.

casser les pains par les têtes, lorsqu'on dégage le Sirop par cette opération.

Les pains étant tous plamottés, on les laisse égoutter sur leurs pots pendant trois jours. Alors les ouvriers reprennent successivement toutes les formes, ils les retournent, et au moyen du bloc leur font donner le coup une seconde fois pour détacher encore le pain de la paroi intérieure et pour faciliter l'écoulement du Sirop. On remet les formes sur pot, la pointe en bas, et on les laisse dans cette position durant trois autres jours.

Tandis que le Sirop s'écoule plus parfaitement, la base du pain acquiert de la solidité : pour s'assurer que celle-ci est assez solide, on loche un pain de chaque lit, et le tenant sur la main gauche, on essaye si, à un centimètre de la base, l'ongle du pouce de la main droite ne s'y enfonce pas à 1 ou 2 millimètres ; c'est une preuve alors que l'humidité s'est dissipée à cet endroit, que les pains sont totalement *purgés* et qu'on peut les tourner sans inconvénient.

Pour cela les ouvriers se transportent le matin au grenier, retournent sur leurs pots toutes les formes la pointe en haut ; ils attendent deux à trois heures pour que le Sirop blanc qui mouille la tête des pains se répande vers la base. Après ce temps ils donnent le troisième coup à tous les pains et les laissent encore la pointe en haut, sur leurs pots, pendant deux à trois jours ; alors ils découvrent les pains pour les transporter à l'étuve.

Par ce moyen le Sirop clair qui humectait la tête s'infiltre peu à peu dans l'intérieur du pain qui, à cet endroit, devient d'une blancheur égale à tout le pain de Sucre.

Il est des Raffineurs qui au lieu de retourner les formes sur leurs pots, après l'entier égouttage des pains, leur donnent également le troisième coup ; mais en même temps ils accompagnent avec la main gauche les pains par la base et les reçoivent sur des draps étendus dans le grenier ; ils recouvrent chaque pain de sa forme pour que l'air chaud ou sec ne dessèche pas trop promptement la portion humectée de Sirop blanc, et que celui-ci puisse s'écouler dans l'intérieur du pain sans laisser des traces de sa préexistence à la tête.

Durant ce travail d'autres ouvriers déplacent les pots des lits, ils vident dans d'autres pots plus grands le Sirop couvert, résultant des deux terrages ; on le conserve à part pour en introduire la plus grande portion, avec le Sirop d'égout, dans la clarification du Sucre brut pour la préparation du Sucre raffiné.

Deux à trois jours après que les pains ont été retournés sur leurs bases, les ouvriers les découvrent en enlevant les formes qui les garantissaient de l'action de l'air ; ils empilent les formes sans les laver, en attendant un autre raffinage. On laisse les pains à l'air libre pendant un jour avant de les porter à l'étuve.

§ XIV.

De l'Étuve.

L'Étuve est un pavillon carré d'environ 10 à 12 mètres de hauteur et de 5 mètres de diamètre. Divers étages construits en lattes de chêne bien sec, blanchies à la varlope, de 4 centimètres de largeur et de 4 centimètres d'épaisseur, sont pratiqués à l'intérieur de l'Étuve ; ces lattes sont soutenues par de forts soliveaux de même bois, bien nivelés, de 150 centimètres de longueur, qu'on a fixés dans la maçonnerie. Ceux-ci sont supportés à leur tour par des solives et par des montans qui sont fixés du bas en haut sur le sol de l'Étuve.

Chaque rang de lattes est cloué sur les soliveaux et placé transversalement sur ces derniers ; on en compte 8 à 10 étages distans de 90 centimètres les uns des autres. Les lattes sont seulement séparées entre elles de 2 centimètres, afin que la chaleur circule librement à l'entour des pains d'une manière égale.

Les soliveaux occupant de chaque côté de l'Étuve un espace de 150 centimètres, il reste au milieu un vide de 4 mètres de superficie ; par ce moyen on y transporte les pains avec plus de commodité. Une ouverture de 80 centimètres de diamètre est pratiquée au plafond de l'Etuve pour donner issue au dégagement des vapeurs résultant de l'humidité des pains.

Il est des Etuves qui contiennent jusqu'à six mille pains ; celles qui sont de grandeur moyenne en reçoivent trois à quatre mille.

L'Etuve est chauffée au moyen d'un fourneau dont la porte est située au mur extérieur, pour que la fumée, s'il en sortait du foyer, ne puisse pas salir les pains de Sucre. Ce fourneau doit avoir sa grille et son cendrier. Le combustible enflammé agit directement sous une cloche de fonte qui se trouve dans l'intérieur de l'Etuve, tandis que le tuyau de cheminée en briques posées de champ se prolonge le long du mur jusqu'au toit de la raffinerie. C'est cette cloche qui, plus que le tuyau de cheminée, fournit la chaleur nécessaire à l'Etuvage des pains.

On doit porter la plus grande attention à ne pas mettre des pains de Sucre sur les lattes exposées au-dessus de la cloche; il peut arriver qu'un ou plusieurs pains tombent sur la cloche souvent incandescente, ce qui occasionne l'incendie de l'atelier. Le Sucre est une substance dont l'hydrogène est brûlé avec rapidité par son contact avec un corps enflammé. Au cas qu'on veuille sans crainte profiter ou non de cet emplacement, il convient de surmonter la cloche d'une niche en maçonnerie qui la recouvre et dont la partie supérieure en est distante d'un mètre. Par ce moyen le calorique de la cloche est repoussé vers le milieu de l'Etuve et agit d'une manière plus égale pour dissiper l'humidité des pains de Sucre.

Mais pour prévenir plus surement l'incendie d'une Etuve, ou pour ainsi dire de l'établissement, il est indispensable de pratiquer à l'entour de la cloche un grillage en fil de fer de 2 millimètres d'épaisseur, supporté par des tiges de ce métal fixées sur le sol de l'Etuve, de manière à ce que ce grillage, de forme carrée, surmonte la niche en maçonnerie; qu'il entoure les parois de la cloche et en soit distant de tous côtés d'environ 30 centimètres.

Au moyen de cette barrière, s'il arrive que l'un des étages de lattes sur lesquelles reposent les pains croule accidentellement dans l'Etuve, la masse de Sucre n'est pas alors en contact avec la cloche dont l'incandescence détermine la rapide combustion de cette substance.

L'Etuve étant ainsi disposée, les ouvriers en assez grand nombre se placent à diverses distances du grenier jusqu'à l'intérieur de l'Etuve : les uns prennent les pains et les donnent aux autres qui, à leur tour, les font parvenir à ceux des ouvriers qui reçoivent les pains aux divers étages de l'Etuve où ils les arrangent sur leurs bases.

On pratique à différentes hauteurs de l'Etuve deux à trois fenêtres qui communiquent aux greniers. Ces ouvertures servent à mettre et à retirer les pains de l'Etuve lorsqu'on opère aux greniers supérieurs.

La température de l'Etuve doit être d'abord de 25 degrés *Réaumur* pendant deux jours, et progressivement on l'élève à 30 degrés jusqu'au sixième jour. Le thermomètre de l'Etuve est adossé à l'un des montans les plus éloignés de la cloche, pour pouvoir prendre la température du lieu d'une manière plus régulière. Une trop forte chaleur altère la blancheur des pains de Sucre et leur procure un *manteau* qui les déprécie.

Pour reconnaître que le pain de Sucre est étuvé, on le place sur la main gauche, et de la droite on frappe son flanc avec une clef. Si, à cette épreuve, le Sucre est bien sonore, c'est une preuve qu'il est suffisamment étuvé, ce qu'on doit mieux essayer en cassant un à deux pains, et si en tâchant d'enfoncer l'ongle dans la partie cassée, il ne s'introduit pas dans le grain, c'est le signe parfait de l'Etuvage du Sucre.

On étuve un raffinage dans six à sept jours, après quoi on éteint le feu sous la cloche, et on laisse encore pendant un jour à l'Etuve les pains avant de les sortir. Sans cette précaution ils se fendraient par le passage subit d'un air chaud à une température froide.

Avant de mettre les pains de Sucre en papier, on les porte dans la chambre à plier; on met de côté les pains qui sont cassés à la pointe et ceux qui sont encore roux à leur extrémité ou à une portion de leur flanc. Mais il est rare qu'on obtienne de ces derniers quand on opère avec soin. Les pains cassés se vendent toujours avec facilité et souvent au-dessus du prix qu'on obtient de ceux qui sont mis en papier.

Portions de l'Étuve, de la Chambre à plier et d'un grenier

§ XV.

Du moyen de mettre le Sucre en papier, ou de la Chambre à plier.

On porte les pains qu'on tire de l'étuve dans la Chambre à plier, et on les pose doucement sur des tables revêtues de tapis de drap; on met d'abord de côté les pains cassés, et s'il s'en trouve avec des taches rousses à la tête, on les coupe jusqu'au blanc pour être mis au rang des cassés. Puis on met sur ces tables de grandes feuilles de papier bleu et de papier blanc, avec plusieurs pelotons de ficelle.

Ce n'est que par centaines qu'on fait parvenir les pains dans la Chambre au fur et mesure qu'on les plie. Pour procéder au pliage, les ouvriers qui s'y livrent doivent surtout avoir les mains très-propres; ils mettent d'abord en croix sur la tête de chaque pain, un filet de soie rouge et un autre de soie bleue de la longueur de 6 centimètres. Ensuite chaque ouvrier place devant lui une feuille de papier bleu et sur celle-ci une autre feuille d'un blanc sale; il y couche dessus un pain qui déborde le papier par sa tête de la moitié de sa longueur; de façon que la base réponde au milieu des feuilles de papier ; il y roule le pain qu'il enveloppe d'abord par l'un des angles des feuilles réunies, puis avec l'angle opposé ; et après l'avoir plié à sa base, il fait frapper celle-ci sur la table en redressant le pain qu'il soulève par le flanc.

Il ne reste plus alors qu'à couvrir la tête du pain par un cornet. Pour cela l'ouvrier pose devant lui en diagonale une demi-feuille de papier bleu et par-dessus une demi-feuille de papier blanc ; il pose la tête du pain qui est enveloppé par la base sur un des angles de la demi-feuille qui doit former le cornet ; il roule successivement ces deux angles autour du pain pour envelopper la pointe du cône ; enfin, il tortille le papier qui reste à la partie supérieure du pain, et il donne dessus un coup de plat de la main pour l'affaisser plus facilement.

Pour ficeler les pains, l'ouvrier tortille l'ex-trémité de la ficelle autour du doigt index de sa main droite avec laquelle il saisit la pointe du pain, en l'inclinant un peu ; il passe avec sa main gauche la ficelle sous la base du pain, il la conduit avec la même main sur la pointe, et la passant de nouveau sous la base, il forme une croix ; il finit par l'arrêter en faisant un nœud en forme de spirale avec le bout de la ficelle qu'il avait tortillée autour de son doigt.

Les pains étant mis en papier et ficelés, peuvent être livrés immédiatement au commerce. A défaut on les enferme dans des placards, où on les range de manière à ce que la pointe de l'un soit à côté de la base de l'autre. On fait ainsi plusieurs rangées de pains et autant que les placards peuvent en contenir.

Quelques Raffineurs enveloppent, comme à Bordeaux, le Sucre dans du papier violet. Cependant le papier bleu fait paraître le Sucre plus blanc. Le Sucre royal, dont j'aurai soin de faire connaître la fabrication, est ordinairement plié dans du papier violet.

Quand les pains sont vendus, on les pèse sur un plateau de cordes tressées sur un cercle de fer, suspendu par trois cordes qui vont se joindre, en forme d'angle, à un crochet qu'on fixe à celui d'une balance connue sous le nom de *romaine*; le crochet supérieur de la balance est introduit dans l'anneau d'une tige de fer, assujettie verticalement à l'une des poutres de la Chambre à plier. Ce plateau de cordes porte le nom de *tare* qu'on prélève sur chaque pesée de trente à quarante pains.

§ XVI.

De la Préparation des Bâtardes.

Les Bâtardes sont de gros pains blancs, de nuances égales, du poids de 10 à 12 kilogrammes. On obtient ce produit secondaire en clarifiant et faisant ensuite rapprocher tous les Sirops non couverts, et une portion des Sirops couverts qu'on a soin de combiner avec une certaine quantité de Sucre gras. La plus grande partie des Sirops couverts et notamment des Sirops d'égout entrent dans la fabrication du Sucre raffiné : on en met un nombre déterminé de pots à chaque clarification avec le Sucre brut de première sorte.

Pour procéder à la préparation des Bâtardes, le contre-maître commence par compter le nombre de pots de Sirop non couvert de pains destiné à cet emploi ; et en supposant que ce nombre s'élève à 450, il réservera 150 pots de Sirop couvert pour en introduire une quantité proportionnée à chaque clarification.

Le nombre de pots de ces qualités de Sirop étant bien connu, le Raffineur en fait descendre la quantité nécessaire pour charger la chaudière à clarification. Pour cela il les fait parvenir au rez de chaussée de la fabrique, soit par le tracas au moyen d'un gros bourrelet et de la poulie, soit en versant ces Sirops par une trémie placée au grenier le plus inférieur, et correspondante à un tube de métal qui les porte verticalement dans la chaudière à clarifier.

Quoi qu'il en soit de ces deux modes de faire parvenir les Sirops dans la chaudière dont le diamètre et la profondeur ont été désignés page 27, on la charge aux deux tiers de trois parties de Sirop non couvert et d'une partie de Sirop couvert de pains ; on y ajoute 80 à 100 littres d'eau, dans une portion de laquelle on a fouetté 5 à 6 litres de sang de bœuf, et deux baquets de Sucre gras de seconde sorte que l'on conserve pour la fabrication des Bâtardes.

L'ouvrier allume aussitôt le feu sous la chaudière et remue le mélange avec le mouveron. Lorsque le Sirop est à la température de 70 degrés Réaumur, il y jette 5 pour cent de charbon animal, sur le poids approximatif des Sirops et du Sucre gras employé à la clarification. Il continue d'agiter le mélange pendant quelques minutes avec le mouveron, et le laisse en repos. Il ouvre de temps à autre la porte du fourneau, et aussitôt que l'ébullition du Sirop est sur le point de se manifester, il jette un à deux pucheux d'eau sur le feu pour ralentir l'action du calorique. Il monte alors sur la maçonnerie du fourneau, et il observe attentivement le moment de l'ébullition : si par mégarde celle-ci est trop prompte, il jette un baquet d'eau froide dans la chaudière pour empêcher que le Sirop ne passe par-dessus les bords et ne se répande. Cet accident peut avoir lieu, parce que le Sirop couvert, surtout, est presque toujours en fermentation et par conséquent chargé de gaz acide carbonique, qui, par son dégagement, détermine la prompte expansion du liquide.

Dès que le Sirop est en ébullition, le clarifieur introduit sur-le-champ le tube recourbé dans le robinet de la chaudière, puis dans le trou de le caisse à filtrer ; il ouvre immédiatement le robinet, et le Sirop s'écoule avec rapidité dans le filtre.

On reçoit à part le premier Sirop qui passe trouble, puis on laisse filtrer ce qui est clair dans le grand réservoir, d'où il est ensuite porté, au moyen de la pompe aspirante, dans le réservoir exposé au-dessus des chaudières à cuire.

On procède à la deuxième clarification de la même manière ; à la troisième, on emploie, au lieu d'eau, le lavage des écumes de la clarification précédente ; ainsi de suite pour les subséquentes.

On soulève la soupape du réservoir d'où le Sirop clarifié s'écoule sur-le-champ dans les chaudières à cuire ; on les charge de 12 centimètres de Sirop qu'on porte rapidement à l'ébullition ; alors on y jette un petit morceau de beurre ; on agite aussitôt le Sirop avec le mouveron, et on le fait cuire jusqu'à 39 degrés de l'aréomètre, ou lorsqu'en comprimant le Sirop entre le pouce et l'index, et en écartant ces deux doigts, le filet qui se produit forme un crochet un peu plus prononcé que pour la cuite du Sucre raffiné.

La cuisson du Sirop étant reconnue, on soulève la chaudière à bascule au moyen de la chaîne du lévier, et le Sucre cuit s'écoule dans l'un des petits rafraîchissoirs de l'Empli. Dix minutes après on transvase avec un pucheux le résultat de chaque cuite de Sirop, dans le plus grand rafraîchissoir, en observant toujours de ne pas verser un Sirop bouillant sur un autre qui se refroidit.

Le grand rafraîchissoir étant rempli de Sirop résultant d'un assez grand nombre de cuites, on agite de temps à autre ce Sirop avec le mouveron, jusqu'à ce qu'on y aperçoive une multitude de petits cristaux, et on le verse aussitôt dans les formes.

Pour cela, le maître de l'Empli a déjà retiré du bac de grandes formes qu'il a mises à tremper la veille dans l'eau froide ; il en bouche l'ouverture de la pointe avec une *tappe* de linge mouillé ; il place les formes contre le mur de l'Empli, la pointe en bas ; il en établit d'abord deux rangées qu'il soutient à l'aide d'autres formes posées par leurs bases sur le sol de l'Empli.

Les formes encore humides se trouvant ainsi établies, un ouvrier prend un bassin portatif qu'il tient appuyé sur un canap, à côté du grand rafraîchissoir ; un autre ouvrier remplit ce bassin de Sirop à plusieurs reprises avec un pucheux et en porte le contenu dans les formes qu'il remplit seulement jusqu'à 12 à 15 centimètres au-dessous de leur bord ; puis il achève de les remplir avec le Sirop plus grenu qui se trouve au fond du rafraî-chissoir ; il a soin d'y laisser un vide de 2 centimètres pour pouvoir y exercer le terrage.

On reconnaît qu'on peut mouver le Sucre d'un Empli de Bâtardes, lorsqu'en plongeant un mouveron au fond de plusieurs formes,

on y trouve une plus grande quantité de cristaux qu'immédiatement après leur remplissage. A ce signe se joint également celui
d'une croûte de Sucre qui recouvre la superficie du Sirop. Alors on mouve les Bâtardes
sans les opaler, c'est-à-dire qu'on exécute
un seul mouvage sur le Sirop en cristallisation, et en faisant avec le mouveron une
fois le tour de la forme. Cette opération faite
sur un Empli de Bâtardes, on les laisse cristalliser; dans deux à trois heures elles sont
presque solidifiées.

Pour faire un second Empli, on fait deux
autres rangées de formes adossées à celles
qu'on a déjà remplies, et on les charge de
nouvelles cuites de Sirop.

Plusieurs Emplis de Bâtardes étant faits
successivement, on les laisse sur leur pointe
jusqu'au lendemain matin; alors les ouvriers
entrent dans l'Empli, les couchent les unes
après les autres sur le chevalet, ils les débou-
chent, et au moyen d'un poinçon de fer qu'on
mouille dans un seau d'eau froide, et qu'ils
introduisent par la pointe de chaque forme,
ils percent les Bâtardes jusqu'à la profondeur
de 7 à 8 centimètres.

Cette opération faite sur toutes les formes
de Bâtardes, ils les montent dans la Cham-

bre chaude par le tracas à l'aide d'un gros bourrelet et de la poulie. On met les formes sur pot dans la Chambre chaude au fur et mesure qu'on les y fait parvenir.

Cinq à six jours suffisent pour l'égouttage du Sirop non couvert de Bâtardes.

On transporte alors dans le grenier les *pièces* qui contiennent le Sucre bâtard ; on les met sur pot ; on rassemble les premiers Sirops qu'on a obtenus dans la Chambre chaude ; on les met à part dans un grenier, et on les conserve pour la préparation des Vergeoises.

Un raffinage de Bâtardes, auquel on donne le nom de *jèu*, ayant subi cette préparation préalable, on en plante les formes au grenier, et on en fait divers lits. Pour cela, on établit contre le mur des rangées de 7 à 8 pièces à dos desquelles on en fait d'autres rangs jusqu'à ce que chaque lit forme un parallélogramme. On laisse entre chacun de ces lits un espace d'un mètre pour pouvoir y pratiquer librement les opérations du terrage.

Le jeu des Bâtardes étant composé de divers lits, et chaque forme étant bien plantée, on les consolide au moyen de l'argile en pâte avec laquelle on lute la forme voisine de l'autre et successivement toutes celles qui bordent le pourtour des lits. On place à divers intervalles des formes deux grands pots, l'un sur l'autre, pour leur servir de support.

Cela fait, les ouvriers frappent la base du pain avec la portion courbe et plate du fer à foncer ; ils foncent aussi le milieu de la surface du Sucre où il s'est formé un vide que j'ai déjà fait connaître sous le nom de *fontaine* : ils remplissent ce vide, soit avec du Sucre terré, soit avec du Sucre divisé qu'on a extrait de l'une des Bâtardes destinées à cet usage. On termine de foncer et de bien unir la surface des pains à l'aide d'une truelle ronde.

Tandis qu'on procède à la préparation de la terre pour couvrir les Bâtardes qu'on a foncées la veille, on attend jusqu'au lendemain pour que la surface des pains ait acquis plus de solidité. Alors on fait parvenir au grenier, par le tracas, les seaux de terre détrempée ; on en couvre les pains avec un pucheux jusqu'au remplissage du vide que le maître de l'Empli a eu soin de laisser pour pratiquer le terrage.

Le lendemain on opère le *rafraîchissage* en ajoutant de la terre délayée sur celle qu'on a mise la veille au-dessus de chaque pain : cette addition se fait avec d'autant plus de facilité qu'il se forme un vide d'un centimètre sur toute la superficie de la première terre.

Lorsque les esquives sont à demi sèches, on ne les retourne plus sur le pain, comme par l'ancien procédé ; on les laisse presque sécher, puis on les enlève pour achever leur dessiccation dans le grenier supérieur.

On gratte alors, au moyen du fer à foncer, la surface du Sucre qui a déjà éprouvé le premier terrage ; on l'unit bien au moyen de la truelle. Le lendemain on couvre tous les pains de Bâtardes d'une seconde terre.

Enfin, on les terre une troisième fois, lorsque les secondes terres sont sèches.

La quantité de terre délayée qu'on met à la surface de chaque pain de Bâtardes, est de la profondeur de 3 à 4 centimètres ; les esquives étant sèches n'ont plus que 2 centimètres d'épaisseur.

Après le troisième terrage les Bâtardes sont presque *purgées* ; l'eau qui a successivement traversé le grain de Sucre, l'a bien lavé jusqu'aux deux tiers de la longueur du pain ; on les laisse encore un à deux jours dans les greniers, pendant lesquels on enlève au moyen d'un couteau la terre qui reste encore attachée aux parois de la forme ; puis on les transporte sur d'autres pots dans la Chambre chaude

achever leur épuration. Le calorique
Chambre agissant sur le Sucre encore
cté d'un Sirop rougeâtre, celui-ci ac-
plus de fluidité et s'écoule peu à peu
ers le pain.

jours après on sort les formes de Bâ-
de la Chambre, et on les porte dans
nier. Pour cela, l'ouvrier embrasse avec
s gauche la forme par le milieu de sa
té, la soutient par le genou de ce côté,
bras droit il l'entoure aussi et l'enlève
ssus le pot qui la supportait ; il trans-
les formes, les unes après les autres,
le grenier où il les met encore sur pot.
opération faite, on laisse les formes de
des pendant un jour dans le grenier,
que les pains, en se refroidissant, ne
t pas en divers endroits en les lochant,
i arriverait si on les lochait immédiate-
après qu'on les sort de la Chambre
e.

pains étant bien refroidis, les ouvriers
nent chaque forme, l'une après l'autre,
nte en haut, saisissent la pointe par la
droite et placent la gauche sur la base
n ; dans cette position ils soulèvent la
et la font frapper doucement par les
puis un peu plus fort sur un bloc

pour achever leur épuration. Le calorique de la Chambre agissant sur le Sucre encore humecté d'un Sirop rougeâtre, celui-ci acquiert plus de fluidité et s'écoule peu à peu à travers le pain.

Six jours après on sort les formes de Bâtardes de la Chambre, et on les porte dans le grenier. Pour cela, l'ouvrier embrasse avec le bras gauche la forme par le milieu de sa capacité, la soutient par le genou de ce côté, et du bras droit il l'entoure aussi et l'enlève de dessus le pot qui la supportait ; il transporte les formes, les unes après les autres, dans le grenier où il les met encore sur pot. Cette opération faite, on laisse les formes de Bâtardes pendant un jour dans le grenier, pour que les pains, en se refroidissant, ne cassent pas en divers endroits en les lochant, ce qui arriverait si on les lochait immédiatement après qu'on les sort de la Chambre chaude.

Les pains étant bien refroidis, les ouvriers retournent chaque forme, l'une après l'autre, la pointe en haut, saisissent la pointe par la main droite et placent la gauche sur la base du pain ; dans cette position ils soulèvent la forme et la font frapper doucement par les bords, puis un peu plus fort sur un bloc qu'on a mis dans le grenier. Dès qu'ils s'aperçoivent que le pain se détache sur la main gauche, ils la retirent de dessous le pain qu'ils placent parfaitement au milieu du bloc, ils enlèvent la forme qu'ils mettent à part pour un autre raffinage.

Ce bloc est supporté par trois pieds ; il est entouré d'un large plateau de bois qui est destiné à recevoir les fragmens de Sucre et le mélis qu'on enlève de la tête des pains.

Lorsque le pain est sur le bloc, l'ouvrier l'examine, et si la pointe est encore rousse, ou contient un Sirop qui lui procure une couleur grisâtre, il enlève cette portion de Sucre avec le tranchant du fer à foncer, jusqu'à ce qu'il ne trouve plus que du Sucre blanc. On transporte à la Chambre chaude le Sucre plus ou moins coloré qu'on a enlevé de chaque pain, et on le fait étuver dans des caisses d'un mètre de longueur et de 20 centimètres de hauteur : on le vend sous le nom de *mélis* après son entière dessiccation.

Si on néglige de dépouiller les Bâtardes du mélis qui se trouve à leur extrémité, le Sirop qui le rend coloré retombe dans la masse du pain durant l'étuvage, et le salit au point de faire résilier les Bâtardes.

Après avoir séparé le mélis des gros pains

blancs, on les laisse se raffermir en les exposant sur des draps de toile, pendant un jour, à la température du grenier ; puis on les transporte à l'étuve.

On étuve les Bâtardes à la température de 3o à 35 degrés, comme les petits pains raffinés : on peut étuver en même temps un raffinage des uns et un jeu des autres, en plaçant les Bâtardes aux étages supérieurs de l'étuve.

On livre les pièces de Bâtardes au commerce, tantôt entières, tantôt pilées à l'imitation des Sucres blancs de la Havane et du Brésil. Dans ce dernier cas on les pile sur une forte grille de fer, fixée au milieu d'une grande caisse. Le Sucre concassé au moyen de pilons de bois, munis de très-longs manches, tombe au fond de la caisse d'où on le met dans des futailles neuves dont les parois intérieures sont garnies de papier bleu.

Les Raffineurs donnent spécialement le nom de *pièces* à de gros pains qu'on obtient blancs jusqu'à la pointe et provenant du Sucre gras de première sorte, qu'il ne convient pas de mettre en fondus et qu'il importe de ne pas faire entrer dans la composition du Sucre raffiné. Cet emploi du Sucre gras est fondé sur le principe que, lorsque le Sucre est trop chargé de mélasse, il cristallise mieux dans les grandes formes que dans les petites où il se refroidit plus promptement , ce qui détermine alors l'engraissage des raffinés pour la fabrication desquels on ne doit employer que du Sucre brut pour *la droiture* , autrement dit *en bonne et belle quatrième.*

§ XVII.

De la Chambre Chaude.

La Chambre chaude est une étuve composée de plusieurs étages distans de 3 mètres les uns des autres ; elle est de la hauteur de la fabrique et doit avoir au moins 5 à 6 mètres de largeur sur 8 à 10 mètres de longueur. Chaque étage est construit en fortes planches de chène séparées entre elles de 3 à 4 centimètres ; elles sont supportées par de très-bonnes poutres.

Ce plancher n'est enduit ni de plâtre , ni de mortier , pour que le calorique émané du bas de la Chambre puisse parfaitement circuler dans tous les étages au moyen des intervalles qu'on a pratiqués pour sa construction.

On chauffe la Chambre chaude , comme l'étuve , par le calorique provenant d'une cloche de fonte , sous laquelle on allume un

feu bien soutenu et capable de porter la température à 40 degrés *Réaumur*. La porte du
fourneau se trouve au mur extérieur de la
Chambre. Le charbon enflammé dans le foyer
agit sous la cloche, tandis que le tuyau de
cheminée se prolonge à l'intérieur, le long
du mur, pour augmenter l'action du calorique.

Les constructeurs des raffineries doivent
porter la plus grande attention d'éloigner les
poutres de la Chambre chaude du tuyau de
cheminée : c'est souvent à leur contact presque
immédiat qu'est dû l'embrasement des raffineries.

Le tracas de la Chambre chaude est situé
à l'un des angles de chaque étage. C'est par
cette ouverture qu'on fait parvenir les formes
de Bâtardes et de Vergeoises, ainsi que les
pots qui doivent recevoir les Sirops ou Mélasses qui en découlent.

Il importe que le feu de la Chambre chaude
soit constamment soutenu lorsqu'on y a transporté les Vergeoises dont la mélasse ne peut
couler qu'en diminuant sa consistance au moyen
d'une très-haute température.

Indépendamment des Bâtardes et des Vergeoises qu'on met à la Chambre chaude, on
y expose également des Emplis de petits pains
raffinés qui n'ont point encore éprouvé le

terrage , et dont la cuite a été trop serrée , ce qu'on pratique dans le seul cas où l'on veut faire écouler plus facilement le Sirop non couvert de ces pains : on les transporte quelques jours après aux greniers pour en former les lits nécessaires aux opérations du terrage.

§ XVIII.

De la Préparation des Vergeoises.

Pour préparer les Vergeoises on n'ajoute pas du Sucre gras aux Sirops dont elles doivent provenir.

Les Vergeoises sont le résultat du rapprochement des Sirops couverts et non couverts de Bâtardes. Ces Sirops contiennent assez de Sucre solide ou cristallisable pour pouvoir fournir un produit rougeâtre , plus ou moins bien cristallisé et inférieur au Sucre brut par sa propriété sucrante.

Lorsque les Bâtardes sont riches en Sucre solide , les Raffineurs font entrer la plus grande partie du Sirop couvert qui en provient dans la composition des Bâtardes ; ils emploient tout le Sirop non couvert de celles-ci pour la préparation des Vergeoises.

Pour procéder à la fabrication des Vergeoises, le contre-maître fait le dénombrement des pots de Sirop couvert et non couvert. Il en remplit aux deux tiers, en nombre proportionnel, la chaudière à clarification ; il y ajoute 50 litres d'eau et 4 à 5 litres de sang de bœuf fouetté dans quelques litres d'eau froide ; il fait chauffer ce mélange jusqu'à 70 degrés de température ; il y jette aussitôt 4 pour % de charbon animal sur le poids approximatif des Sirops employés. Il agite bien le tout avec un mouveron et laisse reposer le mélange. Il porte le Sirop à l'ébullition, et il empêche qu'il ne se répande par-dessus les bords de la chaudière, en y jetant au besoin un baquet d'eau qui ralentit l'action du calorique.

Le Sirop étant clarifié, on ouvre le robinet de la chaudière d'où il s'écoule dans le filtre au moyen du tube recourbé et aussitôt dans le réservoir. A la troisième clarification on emploie, au lieu d'eau, le lavage des écumes qui sont encore empreintes de Sirop des précédentes clarifications : on soumet après chaque lavage ces écumes dans un grand sac de toile à l'action d'une forte presse ; on place d'abord le sac dans un panier sans fond, puis on l'attache après l'écoulement de la plus grande partie des eaux de lavage ; on met un plateau de bois sur les écumes et par-dessus un billot en contact avec la presse qu'on fait agir pour les dépouiller de tout le Sucre qu'elles recèlent encore.

Tel est le mode d'opérer qu'on emploie pour le pressurage des écumes dont le lavage est destiné à entrer, soit dans la composition du Sucre raffiné, soit dans celle des Bâtardes et des Vergeoises. C'est en bien lavant et pressurant avec soin les écumes qu'on apporte une grande économie à la fabrication, et qu'on pare à des déchets considérables qui deviennent ruineux pour le Raffineur s'il néglige de surveiller cette portion importante de ses travaux.

Le résultat de 2 à 3 clarifications étant parvenu dans le réservoir, on le porte au moyen de la pompe aspirante dans le réservoir situé au-dessus des chaudières à cuire.

On soulève la soupape, et aussitôt le Sirop clarifié s'écoule dans les chaudières à bascule sous lesquelles on allume un feu vif ; on les charge de 12 centimètres de Sirop qu'on porte rapidement à l'ébullition ; on y jette un petit morceau de beurre ; on agite le Sirop avec le mouveron, et on le fait cuire à 39 degrés et ½ de l'aréomètre, ou lorsque le filet qui résulte de la compression d'un peu de Sirop cuit qu'on écarte avec l'index et le pouce, forme un crochet plus consistant et plus prononcé que pour la cuisson des Bâtardes.

On porte à un degré de cuisson plus élevé le Sirop pour la fabrication des Vergeoises, parce qu'il est déjà privé d'une très-grande portion de Sucre cristallisable.

Au fur et mesure qu'on reconnaît chaque cuite de Sirop, on soulève la chaudière à bascule, et le Sirop cuit s'écoule dans l'un des petits rafraîchissoirs de l'Empli : dix minutes après on le transvase de la manière suivante dans le plus grand rafraîchissoir, en observant toujours de ne pas verser un Sirop bouillant sur un autre qui se refroidit.

On établit sur le grand rafraîchissoir quatre moises en bois, assemblées les unes avec les autres ; on y place une couleresse, ou forte timbale de cuivre, de forme semi-sphérique, de 5o centimètres de diamètre, percée de petits trous de la largeur de 6 millimètres. Cette couleresse est appuyée par ses quatre anses sur l'assemblage de ces moises ; cela fait, on la remplit aux trois quarts de mélis bien sec, puis un ouvrier prend avec un pucheux le Sirop provenant de chaque cuite de Vergeoises, et il vide successivement le pucheux sur le mélis qu'on a mis dans la couleresse. En même temps un autre ouvrier agite bien ce mélange avec un mouveron ; il divise par cette manœuvre les grains de Sucre qu'il oblige à passer à travers les trous de la timbale. Lorsque cette dernière ne contient presque plus de mélis qui a été entraîné dans le rafraîchissoir en transvasant plusieurs cuites de Sirop , on la remplit encore une fois de ce Sucre concret qu'on fait passer de nouveau à travers la couleresse par le transvasement d'autres cuites de Vergeoises. On ajoute le mélis aux Vergeoises , soit pour favoriser leur cristallisation, soit qu'en occupant la pointe des formes , il les garantisse du coulage trop précipité dans les pots exposés à la Chambre chaude.

Après avoir rempli le grand rafraîchissoir de plusieurs cuites de Sirop qu'on y a transvasées , on agite fortement ce Sirop à divers intervalles avec un mouveron , jusqu'à ce qu'on y aperçoive une multitude de petits cristaux et qu'on y reconnaisse un peu plus de consistance : c'est alors le moment de le verser dans les formes.

Auparavant le maître de l'Empli a déjà fait deux rangées de grandes formes , encore humides , qu'il a laissées tremper dans le bac pendant deux heures. Il bouche l'ouverture de ces cônes avec une *tappe* de linge mouillé, et les place la pointe en bas sur le sol de l'Empli; il les consolide en les établissant contre le mur, puis en mettant aux intervalles d'autres formes felées et posées sur leur base.

Pour couler les Vergeoises dans les formes, un ouvrier pose à côté du grand rafraîchissoir un bassin portatif sur un canap; il remplit à plusieurs reprises ce bassin de Sirop cuit, et aussitôt un autre ouvrier en vide le contenu dans les formes jusqu'à 8 centimètres au-dessous de leurs bords; ensuite il achève de les remplir avec le Sirop chargé des grains de mélis qu'on laisse expressément au fond du rafraîchissoir pour en garnir également toutes les formes.

On ne mouve pas les Vergeoises, on les laisse cristalliser régulièrement : le mouvage les engraisse, ou en diviserait le grain, si on l'exécutait dans les formes après les avoir remplies.

On fait plusieurs Emplis de Vergeoises dans une journée, à cet effet on établit d'autres rangs de formes qu'on adosse à celles qu'on a déjà remplies; ainsi de suite; puis on y coule les cuites de Vergeoises auxquelles on a fait subir les manipulations déjà indiquées.

Le lendemain matin de chaque journée de

Vergeoises, les ouvriers entrent dans l'Empli; ils examinent si elles sont d'une ferme consistance; dans ce cas, ils les prennent les unes après les autres, les couchent sur le canap et les percent avec une *manille* ou cheville de bois dur. Au fur et mesure qu'ils ont percé les Vergeoises, il les font parvenir par le tracas dans la Chambre chaude, au moyen du gros bourrelet et de la poulie; ils en mettent d'abord une rangée sur leurs pots, la pointe en bas, contre le mur de la Chambre, ensuite ils établissent d'autres rangées de formes adossées aux premières qui leur servent de point d'appui.

Mais si les Vergeoises proviennent de Sirop déjà dépouillé de Sucre solide, ou exclusivement de mauvais Sirop non couvert, il arrive que le lendemain elles n'ont pas acquis toute la consistance désirable; dans ce cas il convient de les laisser encore un jour dans l'Empli, si l'espace de cette salle est assez grand pour ne pas déranger les travaux de la journée; au cas contraire, on les fait parvenir aussitôt par le tracas dans la Chambre sans les percer avec la manille. On a soin, en les mettant sur pot, de les déboucher seulement; on enveloppe en même temps la pointe de chaque cône, avec un morceau de toile d'un large tissu auquel on donne le nom de *Loque* et dont les bouts dépassent les bords des pots sur lesquels les formes reposent. Par ce moyen, les grains de mélis qui servent de support à ce Sirop peu cristallisé ne s'écoulent pas avec la Mélasse, et les Vergeoises ont le temps d'acquérir par une cristallisation lente la consistance nécessaire à leur confectionnement.

Quelle que soit la cause pour laquelle les Vergeoises n'acquièrent pas une consistance convenable 24 heures après leur refroidissement, le contre-maître ne doit pas hésiter d'ajouter aux autres Emplis de Vergeoises, du Sirop couvert de Bâtardes s'il en a dans la fabrique, et à défaut une certaine quantité de Sirop non couvert de raffinés. S'il était au dépourvu de ces deux genres de Sirops, il ajouterait à chaque clarification un grand baquet de Sucre gras pour solidifier les Vergeoises.

On chauffe peu à peu la Chambre chaude jusqu'à 40 degrés de température, pour faire écouler la Mélasse des Vergeoises. La chaleur diminue la consistance et la viscosité de la Mélasse qui abandonne le Sucre cristallisable ; on dépouille d'autant mieux ce dernier du Sucre liquide que le calorique de la Chambre est bien soutenu.

On peut livrer les Vergeoises au commerce

lorsqu'elles ont séjourné pendant 15 à 20 jours dans la Chambre chaude ; on les obtient d'autant plus vite qu'elles sont de bonne qualité ; la Mélasse s'en sépare plus difficilement si le Sirop dont elles proviennent contient peu de Sucre solide, ou si la cuite a été trop serrée.

Pour reconnaître que les Vergeoises sont prêtes, on en fait descendre une forme au rez de chaussée de la fabrique ; on place sur le sol un grand plateau de bois dur de 120 centimètres de largeur et de 3 centimètres d'épaisseur. On prend alors de la main droite la forme de Vergeoise par la pointe, et de la gauche on la soulève par la partie la plus évasée ; on la fait tomber perpendiculairement de la hauteur de 30 centimètres sur le plateau, et si un seul coup ne suffit pas pour détacher le Sucre de la forme, on la soulève de nouveau et on lui fait éprouver un second coup, comme le premier, puis un troisième s'il est nécessaire. On sépare doucement la forme du pain lorsqu'on sent qu'il s'en est détaché ; c'est ce qu'on appelle *locher une Vergeoise.*

On observe s'il n'y a qu'un espace de 8 à 9 centimètres à la pointe de la Vergeoise qui soit empreint de Mélasse, et surtout si la portion du Sucre qu'on extrait du milieu de la pièce est grenu et parfaitement sec.

A ces signes on reconnaît que la Vergeoise est prête ; si, au contraire, une grande portion de la tête est encore très-chargée de Mélasse, ainsi que les parois de la pièce, on la replace dans la forme et on continue de chauffer la Chambre chaude.

On ne doit locher les Vergeoises sur le plateau que le jour de leur livraison. On a soin d'enlever avec une truelle tout le Sucre gras qui se trouve à la pointe et aux parois de la pièce. Lorsque les Vergeoises sont bien nettoyées, on les jette les unes après les autres dans des futailles défoncées et préalablement tarées. Un ouvrier les brise au moyen d'une longue spatule de fer. A l'aide de cette division, la Vergeoise est plus propre à la vente en détail.

On jette dans de grandes formes les têtes de Vergeoises et le Sucre gras dont on les a dépouillées ; on en laisse égoutter la plus grande portion de Mélasse en mettant les formes sur pot, et on ajoute ce Sucre visqueux à la prochaine clarification de Sirops pour la fabrication des Vergeoises. Par l'ancien procédé on faisait des *Verpointes* avec des têtes de Vergeoises, et on les fondait avec très-peu d'eau, comme pour la préparation des fondus ; puis on les mettait sur pot dans la Chambre chaude pour en faire écouler la Mélasse. Ce mode a été abandonné, parce que les Verpointes ne se vendent pas aussi avantageusement que les Vergeoises.

Les Vergeoises ne sont guère utilisées que par la dernière classe du peuple et par les habitans des campagnes. La couleur rousse de ce Sucre et le volume considérable qu'il présente sont pour cette classe de gens des motifs séduisans pour en faire usage. A Paris et à Orléans, le peuple donne la préférence au Sucre bâtard, ou bien aux Vergeoises terrées qui offrent les caractères du Sucre mélis après leur préparation.

§ XIX.

Du Terrage des Vergeoises.

La cristallisation des Vergeoises doit être assez solide pour qu'on puisse les terrer sans inconvénient : si le grain en est trop divisé ou que la réunion des cristaux ne présente pas une certaine aggrégation, l'eau de la terre dissout rapidement le Sucre et opère des ravages dans l'intérieur des pains ; la terre s'y introduit et fuit par des sillons jusqu'à la pointe des formes.

Il faut donc que les Vergeoises, pour être terrées, tiennent un milieu entre la consistance des Bâtardes et celle des Vergeoises communes : il importe donc qu'elles soient confectionnées avec tous les Sirops couverts et non couverts de Bâtardes ; il arrive même que la combinaison de ces Sirops ne suffit pas pour les solidifier convenablement, et qu'on y ajoute une certaine quantité de Sirop couvert de pains. On clarifie et on cuit l'ensemble de ces combinaisons d'après les procédés indiqués pour la préparation des Vergeoises : les opérations qu'on leur fait éprouver à l'Empli sont également les mêmes, et il est toujours essentiel de transvaser toutes les cuites de Sirop dans la couleresse chargées de mélis pour rendre les Vergeoises plus solides.

On les met sur pot à la Chambre chaude dans laquelle il suffit de les laisser séjourner pendant 8 à 10 jours. Cela fait, on les transporte dans les greniers , et on en forme des lits à la manière de ceux qu'on établit pour le terrage des Bâtardes.

On fonce les Vergeoises pour leur faire éprouver l'action de la première terre. D'une part, on a soin de ne les terrer qu'un jour après qu'on les a foncées, de l'autre on leur applique une terre un peu plus consistante, ou moins chargée d'eau que pour le terrage des Bâtardes ; au deuxième et au troisième terrage le Sucre en est plus raffermi ; on peut alors y appliquer une terre de la consistance ordinaire.

Lorsqu'on a terminé les trois terrages des Vergeoises, on enlève avec un couteau la terre qui reste encore attachée aux parois de chaque forme ; puis on introduit les Vergeoises terrées, les unes après les autres, dans la Chambre chaude où on les laisse sur pot pendant 8 jours pour achever leur épuration : après ce temps on les sort de la Chambre, et on les laisse refroidir un à deux jours dans les greniers avant de les locher.

Les Vergeoises étant lochées sur le bloc, on en sépare, au moyen du tranchant du fer à foncer, tout le Sucre roux qui se trouve à l'extrémité de la pièce. Souvent les parois du pain sont encore jaunâtres ; c'est ce que les Raffineurs appellent des *flammes.* On les laisse dans cet état parce qu'au-dessous de ces taches jaunâtres, le Sucre est assez blanc pour être livré à la consommation. Le Sucre roux qu'on a séparé de la pointe ou d'une portion du flanc des Vergeoises est transporté dans des caisses à la Chambre chaude ; on le vend, lorsqu'il est sec comme du mélis de deuxième ou troisième sorte.

En définitive on fait parvenir à l'Etuve les Vergeoises terrées ; lorsqu'elles sont bien étuvées, on les livre au commerce.

Les Sirops couverts de Vergeoises sont ensuite ajoutés aux Sirops avec lesquels on les confectionne. Quant aux Sirops non couverts qui en découlent, il convient de les considérer comme des Mélasses. On peut essayer, si on veut, de combiner les Sirops couverts et non couverts de Vergeoises terrées, pour en faire des Vergeoises communes ; mais il arrive le plus souvent que ces Sirops ne contiennent pas assez de Sucre solide pour cristalliser dans les formes.

§ XX.

Nouveau procédé pour Terrer les Vergeoises.

Ce procédé est applicable aux belles Vergeoises comme aux communes ; il suffit seulement que le grain de Sucre en soit détaché ou plus ou moins brillant. Ce nouveau terrage, que j'ai imaginé et exécuté avec le plus grand succès, n'exige que l'emploi de l'eau et du calorique sans le secours de la terre.

On loche d'abord les Vergeoises sur le plateau quand elles sont prêtes, ou qu'elles sont assez épurées dans la Chambre chaude ; on enlève tout le Sucre chargé de Mélasse qui se trouve à la pointe ou aux parois de tous les pains : puis on les pose successivement dans une caisse où on les tient inclinées pour les diviser au moyen d'un couteau à deux manches, si le grain présente une certaine aggrégation, (c'est ce qu'on appelle *gruger* un pain), ou bien on brise les Vergeoises, si le grain en est détaché, dans une grande caisse, avec une spatule de fer.

Cette opération faite, on prend avec une pelle de fer les Vergeoises ainsi divisées ; on en forme un tas de 2 à 300 kilogrammes sur le sol briqueté ; on l'asperge avec de l'eau froide au moyen d'un balais de bruyère qu'on plonge de temps en temps dans un baquet d'eau. Tandis qu'un ouvrier fait cette aspersion ménagée, un autre remue avec la pelle les Vergeoises, pour y combiner l'eau d'une manière à peu près égale. On continue cette aspersion jusqu'à ce que le mélange soit bien fait, qu'il présente l'aspect d'une pâte agglomérée, susceptible néanmoins de conserver assez de consistance en la pressant dans la main, et d'imprégner celle-ci légèrement de Sirop.

Alors on met au fond d'un assez grand nombre de formes, une à deux poignées de foin ou de chaume ; puis, à l'aide de la pelle, on les remplit de Vergeoises mouillées ; on les transporte les unes après les autres sous le tracas de la Chambre chaude, où on les élève aux divers étages à l'aide du gros bourrelet et de la poulie.

Lorsque les formes remplies de Vergeoises humectées sont parvenues à la Chambre chaude, on les met sur pot ; il en découle un Sirop coloré à travers le chaume. L'écoulement de ce Sirop est favorisé par l'action simultanée de l'eau et du calorique. L'eau dissout la Mélasse plus soluble que le Sucre cristallisable, qui, par cette opération, se trouve lavé et dépouillé de la matière colorante. Au bout de 10 à 12 jours, le Sucre de ces Vergeoises est parfaitement sec, comme s'il avait été terré ; sa couleur est d'un blanc plus ou moins jaunâtre ; il n'attire pas l'humidité de l'air ; son grain est aussi bien cristallisé qu'avant ce genre de terrage, qui est d'autant plus avantageux que le pain ne baisse pas d'un demi-centimètre.

Le Sirop coloré qui découle des Vergeoises au moyen de ce procédé, est le résultat de la combinaison d'une assez grande portion de

Mélasse et de Sucre solide ; clarifié et rapproché au degré convenable ; il fournit encore de la Vergeoise ordinaire et de la Mélasse en définitive.

§ XXI.

Du Sucre Tapé.

On fait à Marseille du Sucre Tapé dont la blancheur égale celle du Sucre raffiné. On le prépare avec les plus belles Bâtardes qu'on ne laisse pas dessécher ; on en divise le grain ou on les râpe au moyen d'un couteau à deux manches. Il est des Raffineurs qui, au lieu de râper les Bâtardes pour la préparation des Tapés, les pilent dans une caisse, afin d'accélérer le travail ; mais dans ce cas le Sucre pilé perd son brillant cristallin, et les Tapés ne sont pas aussi beaux.

Pour préparer le Sucre Tapé, on râpe les Bâtardes non étuvées, ou au sortir de la Chambre chaude ; cela fait, on les passe à travers un tamis de métal, puis on remplit avec ce Sucre en poudre de petites formes qu'on a mises à tremper dans l'eau et qu'on fait un peu égoutter avant de s'en servir. On foule le Sucre dans la forme à diverses reprises avec un pilon qui est plat par-dessous ;

lorsque les formes sont pleines, on loche les pains sur une planche au nombre de 6 à 8, et on les porte à l'étuve sur cette même planche.

Une forme mouillée et égouttée ne peut servir à faire que 5 à 6 pains Tapés ; soit qu'on ait mouillé la forme ou qu'on essaye de l'employer sèche, l'humidité du grain pénètre à travers le grès et occasionne l'adhérence des cristaux à la pointe et aux parois de la forme ; la tête du pain se trouve raboteuse ou non lisse. Pour éviter cet inconvénient, on fait tremper de nouveau les formes qui ont servi, et on les emploie successivement pour la préparation du Sucre tapé.

On plie et on ficelle les pains de Sucre Tapé, comme les pains raffinés, lorsqu'on les sort de l'Etuve.

§ XXII.

De la Fabrication du Sucre Royal.

On entend par Sucre Royal le Sucre le plus blanc et qu'on a raffiné deux fois. Pour le préparer, on prend de beaux pains raffinés cassés, (les Bâtardes ne sont pas assez belles), on les clarifie dans une eau de blancs d'œufs avec 7 à 8 p. % de charbon animal ; on fait bouillir ce mélange et on filtre le Sirop qui en résulte, puis on le fait cuire à grand feu dans les chaudières à bascule.

On agite peu dans le rafraîchissoir le Sirop destiné à la préparation du Sucre Royal ; on l'opale et on le mouve dans les formes encore humides qu'on a bien lavées (1). La surface de ces pains est presque blanche dans l'Empli ; le Sirop non couvert qui en découle a une légère couleur blonde ; le pain loché avant d'être terré est aussi blanc que du Sucre raffiné. On terre le Sucre Royal deux fois, on le fait égoutter convenablement, on lui donne le coup à trois reprises, on retourne le pain sur sa base, on le découvre, on le fait étuver à une chaleur ménagée et à un grand éloignement de la cloche.

Le Sucre Royal est d'un blanc azuré ; sa cristallisation est très-serrée ; sa pesanteur spécifique est plus grande que celle du Sucre raffiné : le grain de ce dernier est moins fin que celui du Sucre Royal ; on conçoit facilement que les Bâtardes et les Vergeoises terrées

---

(1) Avant de planter à l'Empli les formes encore humides, pour y couler le Sucre raffiné et les Bâtardes, il est sous-entendu qu'on les a lavées dans l'eau au bord du bac à formes avec une *Loque.*

provenant de Sirops déjà dépouillés d'une très-grande portion de Sucre cristallisable, sont d'un grain très-poreux ; ainsi la pesanteur spécifique des Sucres Raffinés est relative à la nature des Sucres et des Sirops employés à leur préparation, ou quelquefois au degré de cuisson qu'on leur a fait éprouver.

Souvent les Raffineurs fondent des Sucres bruts d'une grande beauté, connus sous la dénomination de *fines quatrièmes*. Le résultat de leur raffinage procure des Sucres en pains très-blancs qu'on vend comme demi-royal.

§ XXIII.

Des Formes et de leur Préparation.

Les formes sont des vases de terre cuite, de figure conique, tant en dedans qu'en dehors ; leur figure intérieure est indiquée par celle des pains de Sucre qui y sont moulés. Ces formes sont de différentes couleurs, suivant la nature de la terre employée par les potiers ; il est des Raffineurs qui donnent la préférence aux formes blanches, d'autres aux rouges ; les premières proviennent d'une terre argileuse contenant du sable ou de la silice (1);

______

(1) Ce genre de composition des formes tient à la

les secondes sont presque toutes composées d'alumine; ces dernières offrent l'inconvénient d'être poreuses et de laisser suinter du Sucre liquide à l'extérieur , ce qui fait qu'elles glissent dans la main lorsqu'on veut locher les pains de Sucre qu'elles renferment. Les formes doivent être bien cuites , bien unies et non vernissées, un peu ovales à leur extrémité pour que les pains puissent en sortir aisément.

Il y a dans les Raffineries des formes de six grandeurs différentes , savoir :

Le petit deux qui a 29 centimètres de hauteur et 12 centimètres de diamètre par la base;

Le grand deux qui a 35 centimètres de hauteur, 16 centimètres de diamètre ;

Le trois a 42 centimètres de hauteur, 20 centimètres de diamètre ;

Le quatre a 53 centimètres de hauteur, 22 centimètres de diamètre ;

Le sept a 62 centimètres de hauteur, 28 centimètres de diamètre.

---

nature de l'argile employée à cet usage; il est plus convenable en ce que le sable uni à l'alumine se convertit durant la coction en silicate d'alumine , résultant d'une sorte de vitrification , tandis que les formes exclusivement composées d'argile sont perméables par les Sirops. La couleur plus ou moins rouge des unes ou des autres est due à du tritoxide de fer.

Les formes pour les Bâtardes et les Vergeoises ont 85 centimètres de hauteur et 42 centimètres de diamètre.

On peut compter qu'une forme qui contient 20 à 25 livres de Sucre clarifié et cuit, fournira à peu près un pain, qui au sortir de l'Etuve pèsera 10 à 12 livres, bien entendu qu'il ne s'agit pas ici du superfin, ni du royal.

Les formes sont percées à la pointe pour laisser écouler le Sirop; on les met sur des pots qui soutiennent les formes et reçoivent le Sirop. Ceux qui sont destinés aux formes pour obtenir des pains raffinés sont cylindriques; ils ont un col et un orifice renversé, de quelques centimètres de diamètre, et dans lequel on introduit la pointe des formes.

Il faut que la grandeur des pots soit proportionnée à celle des formes : ainsi les pots pour le petit deux ont 16 centimètres de hauteur et contiennent un litre.

Les pots pour le grand deux ont 20 centimètres de hauteur et contiennent deux litres.

Les pots pour les trois ont 22 centimètres de hauteur et contiennent trois litres.

Les pots pour le quatre ont 28 centimètres de hauteur et contiennent 3 litres et 5 décilitres.

Les pots pour le sept ont 30 centimètres de hauteur et contiennent 5 litres.

Enfin, les pots pour les Bâtardes et les Vergeoises sont évasés par leur flanc, plus étroits par les deux bouts, ayant un orifice de 12 à 14 centimètres au bout supérieur ; ils ont 35 centimètres de diamètre, 45 centimètres de hauteur, et contiennent 18 à 20 litres.

Lorsqu'on reçoit les formes neuves des potiers, on ne doit pas manquer d'y mettre un cerceau de bois à deux centimètres de la base ; on en met jusqu'à trois aux grandes formes, à diverses distances. On fait ces cerceaux avec du coudrier, ou quelque autre bois flexible qu'on refend en deux parties et qu'on dresse avec la plane du côté refendu ; on fait tremper les cerceaux avant de les employer.

On ne les lie point à l'entour des formes avec de l'osier, mais on les enlace avec deux petites coches qui les empêchent de couler. En un mot, ces cerceaux sont semblables à ceux des petits barils.

Quand, par l'usage qu'on en fait, les formes sont felées, l'ouvrier les raccommode. Pour cela il enduit principalement les felures, soit la partie extérieure de la forme endommagée, d'une pâte faite avec un mélange de sang et de chaux vive en poudre ; il applique à tout le long de cet enduit, encore frais, une bande de papier qui s'y colle parfaitement. Lorsque cet enduit est sec, le raccommodeur pose la forme qu'il veut cercler et *caper* sur une table solide, la base en bas et la pointe en haut. Il se dispose à les couvrir longitudinalement avec des espèces de lattes, qu'on nomme *bâtons de cape*; ces lattes, aussi longues que les formes, sont minces, de bois blanc et flexible; elles sont refendues et dressées à la plane, de sorte qu'il ne leur reste que 2 millimètres d'épaisseur jusqu'à 3 centimètres d'une de leurs extrémités, où on laisse toute l'épaisseur du bois, afin que cette élévation, qui forme un acroc, retienne un lien de fil d'archal qu'on met au petit bout; cette élévation se nomme le *crochet de cape.*

On arrange donc les bâtons de cape les uns auprès des autres tout autour de la tête de la forme; on les lie parfaitement avec deux révolutions de fil d'archal tout autour du bourrelet qui constitue la tête de la forme, en arrêtant les bouts du fil par un maillon qu'on fait avec des tenailles. On arrange ensuite toute la longueur des bâtons de cape sur la convexité des formes, et on les assujettit par des cerceaux qu'on prépare de la manière suivante.

La forme étant encore posée sur sa base,

et la pointe en haut, avec les lattes qu'on a fixées à son extrémité, le raccommodeur prend la mesure du plus grand cercle, il le coupe de longueur, il en appointit les bouts; il fait les entailles, il plie le cerceau, il enlace les extrémités; il frappe les cerceaux avec le *cacheux* qui est un coin de bois dur de 20 à 22 centimètres de longueur, de 8 centimètres de largeur et de 3 centimètres d'épaisseur par le gros bout, formant une poignée ronde de 15 centimètres de longueur. Il tient la forme de la main gauche et le cacheux de la droite, et en coulant une des faces du cacheux le long des lattes et de la forme, il frappe sur le cerceau qu'il fait descendre également de tous les côtés, en faisant tourner la forme avec la main gauche; il achève de faire entrer le cerceau autant qu'il est possible, en mettant le cacheux sur le cerceau, et frappant dessus avec une espèce de maillet carré, qu'on nomme le *clapeux*. Ces divers moyens constituent l'opération par laquelle *on cape une forme* : on l'exécute de la même manière sur les petites formes pour les Raffinés, comme sur les grandes formes pour les Bâtardes et les Vergeoises.

Le Raffineur fait raccommoder les formes, non-seulement par économie, pour s'en servir de nouveau, mais encore parce que les vieilles formes sont meilleures que les neuves : le Sucre n'y adhère pas aux parois comme à ces dernières.

Les formes neuves, telles qu'on les reçoit des poteries, ne peuvent être employées sans qu'elles aient reçu la préparation suivante :

On les fait d'abord tremper pendant 8 jours dans un bac rempli d'eau, puis dans de grands cuviers où elles sont submergées par de l'*eau grasse*.

On entend par eau grasse un mélange de mélasse ou d'écume de sirop et d'eau, de manière à ce que ce mélange marque 15 à 20 degrés de l'aréomètre.

On fait tremper les formes dans l'eau grasse pendant 10 à 12 jours. Cette eau Sucrée fermente peu à peu et se convertit en mucilage ; dans cet état elle convient pour rendre les formes propres à être employées, car celles-ci n'ont la propriété de faire locher le pain que parce qu'elles sont imbibées d'un Sucre fermenté, de toute autre nature que celui qu'on y verse pour le raffinage. Au contraire, si on les imbibe de Sucre cristallisable, ou qu'elles n'aient pas trempé, le Sucre du pain s'introduit dans les pores de la forme d'où on l'en sépare difficilement ; de plus, les pains sont raboteux, ou sont susceptibles de casser lorsqu'on les loche, ce qui n'est dû qu'à l'adhérence du Sucre aux parois de la forme.

Ainsi les formes, pour qu'on en obtienne des pains bien lisses et parfaitement confectionnés, doivent être saturées de Mucoso sucré auquel on a fait éprouver la fermentation. Cette espèce de Sucre, ainsi altérée, ayant peu d'affinité avec le Sucre cristallisable, détermine l'isolement du pain d'avec la forme.

On n'enlève les formes des cuviers ou des bacs contenant les eaux grasses qu'au fur et mesure qu'on en a besoin pour un raffinage. On les lave bien au bord du bac à formes, au moyen d'un frottoir et de l'eau pure dans laquelle on les laisse tremper jusqu'au lendemain avant de les porter à l'Empli.

Or les petites formes de Raffinés et les grandes pour les Bâtardes doivent, avant tout, subir cette préparation. On a soin tous les mois d'ajouter de la Mélasse au bac des eaux grasses pour remplacer la portion de matière sucrante qui, avec le temps, passe à la fermentation acide et spiritueuse.

Il est des Raffineurs qui, outre la quantité de formes qu'ils peuvent préparer dans l'eau grasse, en préparent aussi en y coulant des fondus, et encore mieux en faisant tremper pendant trois jours seulement les formes dans le liquide bouillant qui résulte du lavage des écumes des **Bâtardes** et des **Vergeoises. On** remplit aux trois quarts, de formes neuves, le réservoir où ce liquide s'écoule, et on les y laisse durant 2 à 3 jours de travail ; ce qui n'empêche pas que ce même liquide soit porté, au moyen d'une pompe aspirante lorsqu'on en a besoin, dans la chaudière à clarification. C'est par l'introduction successive des eaux de lavage plus ou moins sucrées, dans le réservoir, que les formes s'imbibent de Sirop contenu dans le résultat de cette lotion, et qu'elles sont propres à servir avec succès au premier raffinage.

Quant au moyen de conserver les formes qui ont servi à un ou à plusieurs raffinages, on n'a besoin que de les laisser encore empreintes de Sucre dans les greniers où on les empile. Si on avait la maladresse de les laver long-temps avant d'en faire usage, on les verrait se couvrir intérieurement de moisissure, ce qu'on évite facilement en ne les faisant tremper que la veille du jour où on les emploie pour le raffinage du Sucre. D'ailleurs il est absolument essentiel que la forme soit encore humide dans l'Empli, pour que le pain qu'on y coule puisse se détacher facilement durant le plamotage.

§ XXIV.

Des Bacs à Formes.

Les bacs à formes sont construits en maçonnerie, bien cimentés au fond et aux parois, parfaitement garnis de briques vernissées. On peut leur donner trois à quatre mètres de longueur, deux mètres de largeur et autant de profondeur. Le nombre de ces bacs doit être de 3 à 4 dans une raffinerie ; on les construit au rez de chaussée de la fabrique, non loin de l'Empli, et à portée de recevoir l'eau courante au moyen de tuyaux et de robinets à chaque bac. Des robinets sont également placés à la partie inférieure des bacs à formes pour faire écouler l'eau qui a déjà servi aux travaux d'une journée ; cette eau est alors déversée dans une conduite d'où on la dirige hors de la fabrique.

Les bacs à formes sont destinés à faire tremper les formes dans l'eau 12 à 15 heures avant d'y verser le Sucre cuit. Voici comme on s'y prend pour les faire tremper :

On fait descendre des greniers les formes qui doivent servir le lendemain ; on les empile, c'est-à-dire qu'on les met les unes dans les autres au nombre de 8 à 10. Alors l'ouvrier pose la pile debout au bord du bac ; il prend de la main gauche un crochet ayant un assez long manche et l'introduit dans l'intérieur de la plus basse forme, il accompagne ainsi au fond du bac la pile qu'il tient de la main droite par son extrémité, il la place debout dans l'eau commune. Le lendemain on enlève les formes du bac avec le crochet et on les lave avec soin au moyen d'une loque.

Il arrive souvent que quelques piles se couchent au fond du bac : pour les redresser on se sert d'un anneau qui est au bout d'un manche ; on passe la pointe de la dernière forme dans l'anneau, et par ce moyen on relève la pile. Cet instrument se nomme *redresseur* ou *l'anneau du bac à formes.*

Quand les formes sont lavées et égouttées, on les porte sur la table à taper où un ouvrier les prend les unes après les autres. Il commence par les frapper avec le plat d'un petit cacheux. Il reconnaît, par le son, si la forme n'est point fêlée, ou si la felure est bien serrée et soutenue par les lattes et les cercles. Si cela n'était pas, il la mettrait à part pour la porter au raccommodeur de formes : quand elles ont été sondées et reconnues en bon état, il prend dans un seau de petites languettes de linge qui trempent dans de l'eau ; il en forme des bouchons qu'on nomme *tapes* : il les fait entrer dans le trou de la pointe de la forme, et il donne dessus un coup du plat du cacheux ; c'est ce qu'on appelle *taper les formes*. Après cette opération on porte les formes dans l'Empli où on les plante un peu avant que le Sucre cuit soit suffisamment agité dans le grand rafraîchissoir.

§ XXV.

De la Fermentation des Terres.

J'ai fait connaître, page 70 et suivantes, le mode par lequel on faisait tremper la Terre ou Marne crayeuse employée aux opérations du terrage. Le nombre de bacs à terre où on la lave, après l'avoir laissée déliter, est rélatif aux travaux d'une fabrique ; on en compte cependant 8 à 10 dans les grandes Raffineries. Des conduites de métal sont placées le long du mur au-dessus des bacs, pour y déverser à l'aide de plusieurs robinets l'eau nécessaire aux lavages réitérés de la terre.

La terre vieille doit être bien lavée avant de l'utiliser ; elle est imprégnée de molécules de sang de bœuf coagulé dont elle s'empare durant le terrage et d'un peu de charbon animal, qui se trouvent encore disséminés dans le Sirop le mieux clarifié : elle contient surtout une certaine quantité de Sucre dont la fermentation se manifeste, si la terre n'en est pas dépouillée au moyen de divers lavages ; elle est également infectée de l'odeur du beurre employé aux travaux de la cuite.

Tandis que ces corps étrangers à la bonne préparation de la terre sont dans le cas de communiquer aux produits raffinés une saveur qui les déprécie, le Sucre absorbé durant le terrage entre en fermentation sur le pain à une température un peu élevée ; il se dégage constamment de l'acide carbonique de la terre ; elle se boursoufle, devient pâteuse, et l'eau destinée à laver le pain s'y infiltre peu ou très-difficilement. Il n'est guère possible de parer à cet inconvénient dans les greniers ; on ouvre les contrevents pour diminuer la température et s'il se peut la fermentation de la terre.

Pour prévenir cet inconvénient grave, il importe beaucoup que la terre soit lavée soigneusement ; on commence d'abord par la faire tremper dans l'eau, on fait agir le piqueux sur elle, on la *retombe*, c'est-à-dire qu'on la déverse au moyen d'un pucheux dans un bac voisin ; on fait couler de nouvelle eau sur la terre, et après quelques heures d'immersion on la remue avec un mouveron ; on la divise autant que possible à l'aide de cet instrument, et on la laisse en repos. Après cela on soutire l'eau surnageante, on en ajoute de nouvelle jusqu'à ce que le lavage de la terre soit bien opéré ; on fait écouler en définitive la dernière eau, puis on passe la terre à travers la couleresse ; on la bat aussitôt pour l'opération du terrage.

Il faut donc que la portion d'eau qui reste combinée à la terre pour laver les pains de Sucre soit totalement dépouillée de la matière sucrante par des lavages multipliés ; si on néglige de la laver avec soin, il arrive que durant la fermentation le Sucre dont la terre est encore imprégnée se convertit en mucilage ; l'odeur du beurre s'y manifeste plus sensiblement, et l'altération de ces substances communique une saveur désagréable au Sucre raffiné et aux Bâtardes. Les terres qui servent à ces dernières sont plus disposées à la fermentation pendant l'été : on les combine avec de la terre nouvelle et on les lave à grande eau pour pouvoir les employer avec plus de succès.

Le lavage des terres ayant donc pour but d'accélérer les opérations du terrage et de prévenir les inconvéniens qui peuvent résulter de leur fermentation, il est indispensable que le maître de grenier fasse enlever de toutes les esquives, encore humides, la portion de matière étrangère et noirâtre qui y est adhérente. Pour cela, l'ouvrier commence par soulever l'esquive de dessus le pain, il la retourne et en sépare avec un couteau cette matière noirâtre qui se trouvait en contact avec le pain. Cette opération faite, on remet les esquives sur les pains; quelques jours après on les enlève toutes, on les transporte au grenier supérieur, ou au long du mur extérieur de l'étuve, pour en achever la dessiccation.

Dans ce dernier état les esquives sont privées de la matière la plus fermentescible; néanmoins il est toujours essentiel d'en bien opérer le lavage.

§ XXVI.

De l'application de la Pompe Pneumatique au Raffinage du Sucre.

Parmi tous les moyens employés jusqu'à ce jour pour le raffinage du Sucre, le procédé

d'*Howard* est celui qui mérite la préférence.
Je ne m'étendrai pas sur les avantages que
l'auteur peut retirer de la préparation des
fondus au bain de vapeurs, et sur la clarification du Sucre par l'alun saturé avec la
chaux. Je dirai seulement que le premier
de ces moyens n'altère pas autant le Sucre
gras que si on l'expose à feu nu, mais
que le second est inférieur par ses résultats,
comparativement à l'action bien plus décolorante du charbon animal sur les dissolutions
de Sucre. Au reste, l'alun employé, d'après
le procédé d'Howard, à la dose de 2 centièmes
sur 100 parties de Sucre brut, forme un dépôt
salin qui trouble le Sirop à 32 degrés de
densité, tandis que le charbon animal qu'on
fait agir dans la proportion de 10 pour % sur
le Sucre, laisse les Sirops d'une belle transparence et les décolore trois fois plus que
l'alun saturé. J'ai même essayé de traiter le
Sucre par l'alun à l'état de sur-sel, tel
qu'on le trouve dans le commerce : la décoloration des Sirops n'en est pas plus énergique ; les inconvéniens qui résultent de son
emploi sont plus considérables.; et le Sucre
est engraissé durant sa cristallisation.

Si on combine une partie d'alun avec 5 p. %
de charbon animal sur 100 parties de Sucre

brut, le carbonate de chaux contenu dans le charbon sature l'excès d'acide de l'alun, et la décoloration du Sirop est aussi parfaite que si on le traite avec 10 centièmes de charbon animal. Néanmoins je ne cite ce fait que comme une expérience à laquelle je me suis livré dans mon laboratoire, mais dont les résultats ne m'ont pas été bien connus, après avoir indiqué cette combinaison pour l'utiliser en grand. On m'a seulement rapporté que l'alun associé au charbon avait également engraissé le Sucre, et qu'on avait outre-passé la dose de ce sel dans plusieurs clarifications, ce qui aurait déterminé les insuccès qu'on dit avoir obtenus pour la préparation des Bâtardes.

J'invite donc MM. les Raffineurs à rectifier avec soin cette expérience qu'on pourrait tenter sur un à deux Emplis de Raffinés. Les pains qui en résulteraient seraient mis à part, ainsi que les Sirops couverts et non couverts qu'on traiterait par quelques centièmes de charbon animal, pour la fabrication des Bâtardes et des Vergeoises.

En établissant la comparaison du prix d'une livre d'alun à 15 centimes et celle de 5 livres de charbon animal qu'on retrancherait de 10 pour cent qu'on en emploie ordinairement, on verra que si 5 livres de charbon coûtent

5o centimes, on ferait une économie de 35 centimes sur chaque quintal de Sucre brut soumis au raffinage.

Tous les avantages du procédé d'Howard consistent principalement dans l'application de la pompe pneumatique à la cuisson des Sirops pour le raffinage du Sucre. On clarifie le Sucre brut avec 10 centièmes de charbon animal, comme par le procédé ordinaire, et on introduit le Sirop qui en provient dans des sphéroïdes en cuivre servant de chaudières évaporatoires. Ces sphéroïdes communiquent par des tuyaux de métal avec la pompe pneumatique continuellement mise en jeu, au moyen d'un manège ou d'une machine à vapeur, pendant tout le temps de l'évaporation du Sirop. Par cette disposition il se fait un vide partiel dans les chaudières, et le liquide peut entrer en ébullition à une température de 45 à 47 degrés *Réaumur*, de manière qu'il n'y a aucun risque d'altérer le Sucre. Par ce procédé on obtient plus de Sucre cristallisable et bien moins de Mélasse que par la méthode ordinaire.

Chaque chaudière est munie d'un thermomètre qui permet de juger de la conduite de l'opération ; un robinet à double clef se trouve placé au bas de la chaudière pour s'assurer, comme à l'ordinaire, par la viscosité du Sirop, si la cuite est assez avancée.

Le Sirop concentré est ensuite versé à l'Empli dans un vaisseau de cuivre découvert pour être granulé ; cette opération se fait en élevant sa température, par le moyen de la vapeur à 82 centigrades, et en le laissant refroidir, d'après l'auteur, jusqu'à 65 degrés ; puis on le coule dans les formes.

Il m'a paru que ce dernier degré de température auquel on verse le Sirop dans les formes n'est pas assez élevé pour éviter un inconvénient plus grave que celui de l'altération du Sucre par le procédé ordinaire. J'ai pu acquérir cette expérience en observant les effets de la pompe pneumatique établie dans l'une des principales Raffineries de Marseille, où on a apporté des modifications au procédé d'Howard.

Voici comme on a disposé cet appareil : deux sphéroïdes en cuivre, de la contenance de 500 kilogrammes de Sirop, sont placés sur leurs fourneaux à 2 mètres l'un de l'autre, à l'atelier de la cuite. Chaque sphéroïde est muni à sa partie supérieure d'un couvercle susceptible d'être mobilisé ; il est fixé par des écrous à la chaudière. L'ouverture résultant de l'enlèvement du couvercle après chaque raffinage , est assez grande pour qu'un homme puisse entrer dans le sphéroïde et s'y courber facilement pour le nettoyer ; on a également placé quatre robinets à chacune de ces chaudières dont l'intérieur et par conséquent le Sirop dont on les charge n'est pas en communication avec l'air extérieur. Le premier de ces robinets est surmonté d'un large entonnoir pour l'introduction du Sirop clarifié qu'on fait parvenir dans les sphéroïdes , au moyen d'un réservoir et d'un petit appareil à bascule , situés au-dessus de ces vases évaporatoires ; le second, exposé au bas de chaque chaudière, est un robinet d'épreuve à deux clefs , distantes l'une de l'autre de 16 centimètres ; on s'en sert pour reconnaître la cuite du Sirop. A cet effet le contre-maître , pour ouvrir le robinet, tourne d'abord la première clef qui se trouve la plus voisine du sphéroïde , et donne issue au Sirop qui s'arrête à la seconde clef ; il le ferme aussitôt pour empêcher l'introduction de l'air extérieur dans la chaudière. Ce n'est qu'après cette précaution qu'il ouvre le robinet en tournant seulement la seconde clef , et cette portion de Sirop s'écoule ; il l'essaie au filet ou à l'aréomètre pendant qu'on le reçoit dans une petite bassine destinée à cet usage. Cela fait , il ferme totalement le robinet, ainsi de suite pour chaque fois qu'il prend la preuve.

Le troisième robinet sert à remplacer le bain de vapeurs qu'Howard conseille dans l'Empli pour élever la température du Sirop; voici comment il produit le même résultat: Dès que la cuite est prête, le contre-maître ouvre ce robinet, et aussitôt l'air extérieur se précipite dans le vide avec un sifflement considérable. Ce bruit se manifeste pendant une demi-minute, après quoi on introduit un thermomètre de *Réaumur* dans le Sirop par ce robinet au-dessus duquel on le tient suspendu par une ficelle; de temps en temps on l'élève pour s'assurer si la température du Sirop est portée à 75 degrés, et sur-le-champ on fait basculer la chaudière au moyen d'une corde et d'une poulie fixée à l'une des poutres de l'atelier. On ouvre en même temps par-derrière le quatrième robinet qui sert à verser le Sirop dans le rafraîchissoir de l'Empli. Je reviendrai plus bas sur les opérations de l'Empli qui sont les plus importantes pour l'exécution de ce procédé.

Pour faire basculer le sphéroïde, on a fixé au bas de sa paroi postérieure un arbre en fer de 7 centimètres d'épaisseur, qui se termine à chaque bout par des tourillons portant sur deux supports à loubette établis dans la maçonnerie du fourneau. Mais, quant au moyen par lequel le tuyau de métal en communication avec la pompe pneumatique et le sphéroïde ne s'oppose point au basculage, je n'ai pas cherché à le connaître, parce qu'on a déclaré que c'était le secret des ouvriers qui s'étaient chargés de ce travail. Nul doute qu'on a placé entre le tube et la chaudière un mécanisme particulier qui permet d'incliner le sphéroïde vers l'Empli pour pouvoir procéder à l'écoulement du Sirop.

Il est bon d'observer qu'il n'y a qu'un cinquième de la hauteur du sphéroïde qui soit introduit dans le fourneau sur lequel il est placé à feu nu. Les vapeurs aqueuses qui se dégagent durant l'ébullition du Sirop se portent dans une autre pièce de l'atelier où se trouvent les cylindres ou corps de la pompe pneumatique. Ces vapeurs, aspirées par cette dernière, se dirigent par un tuyau communiquant avec un globe de cuivre exposé à quelque distance et au milieu des deux cylindres. Ce globe reçoit par un grand tube de métal un courant d'eau froide, destinée à condenser les vapeurs qui arrivent des deux sphéroïdes. Deux autres tubes partent encore du globe et servent à diriger dans les cylindres l'eau condensée et la portion de vapeurs aqueuses qui échappent à la condensation, tandis que les pistons de la pompe pneumatique, mis en jeu par la force motrice, soulèvent successivement cette masse d'eau échauffée par la combinaison de celle qui s'est vaporisée des Sirops soumis à la concentration. L'eau soulevée par les pistons est déversée hors de la fabrique, au moyen d'un boyau communiquant avec une ouverture pratiquée à quelques centimètres de la partie supérieure des cylindres. Voici de quelle manière on a placé les cylindres de la pompe pneumatique :

Aux traverses d'une charpente solidement établie sont fixés vis-à-vis l'un de l'autre, par des colliers à boulons, deux corps de pompe, munis chacun de son piston. Les tiges des pistons s'adaptent aux extrémités d'un balancier horizontal, auquel le mouvement est imprimé par un volant qui correspond au moyen d'un engrenage avec le manège voisin de cet appareil.

Les fonctions de la pompe pneumatique ont lieu par l'aspiration que détermine le mouvement des pistons dans chacun des deux corps. Au moment où l'un des pistons s'élève, les vapeurs viennent remplir l'espace qui se trouve entre ce dernier et la soupape placée au bas du corps, laquelle s'ouvre de bas en haut ; mais à mesure que le piston descend, la soupape du corps se referme, et celle du piston, divisée en trois parties, s'ouvre pour laisser passer au-dessus de lui les vapeurs et l'eau. Le jeu des pistons étant alternatif, on conçoit que l'un d'eux monte pendant que l'autre descend par le mouvement du balancier, et le vide s'opère dans les sphéroïdes communiquant avec la pompe pneumatique.

Ce vide résultant de l'aspiration de l'air contenu dans les sphéroïdes, est suffisant pour que le Sirop entre en ébullition à une basse température. Cet effet a pour cause l'absence de l'air extérieur dont la pression ne s'exerce pas sur le liquide renfermé dans ces chaudières closes, tandis qu'à vaisseau ouvert la température du Sirop est portée jusqu'à 90 degrés, parce que l'air atmosphérique exerce sur lui sa pression ordinaire.

Mais comme le globe est destiné à condenser les vapeurs provenant de l'eau surabondante du Sirop, ce condenseur est indispensable, parce que l'eau liquide, en bouillant, augmente de 1700 fois son volume de vapeur aqueuse dont la condensation diminue considérablement les coups de piston, tout en accélérant la cuisson du Sirop. Si, au contraire, ce condenseur n'était pas appliqué à l'appareil, le vide s'opérerait moins bien dans les chaudières, et les coups de pistons seraient infiniment plus multipliés dans un temps donné; la cuite du Sirop serait retardée, tandis que les alentours des corps de pompe se trouveraient remplis de vapeurs d'eau, qui ne pourraient qu'être incommodes aux chevaux employés pour le manège.

Au moment où l'on charge les sphéroïdes de Sirop clarifié, on introduit par l'un des robinets supérieurs un gros morceau de beurre pour empêcher le boursouflement du Sirop qui, sans cette précaution, serait aspiré ou entraîné dans les cylindres de la pompe pneumatique.

Chaque cuite de Sirop dure trois heures, on en fait quatre dans un jour; d'où il suit que les cuites étant presque terminées en même temps dans les deux sphéroïdes, on en verse huit de Sucre cuit dans l'Empli, d'environ 400 kilogrammes chacune.

La durée de la cuisson du Sirop rapproché en aussi grande masse, donne lieu à une observation qui se rattache aux travaux de l'Empli, sur lesquels je me suis promis de donner un peu plus d'extension. L'ébullition étant accompagnée d'un mouvement continuel, le

13

Sirop, par cette agitation, a déjà éprouvé une sorte de mouvage, ce qui fait qu'il est plus disposé à se cristalliser dans le rafraîchissoir que par son rapprochement dans les chaudières à bascule.

Il est donc nécessaire de ne pas mouver autant le Sirop cuit par le procédé d'Howard que par la méthode ordinaire. En rappelant que ce Sirop est versé des sphéroïdes à 75 degrés Réaumur dans le rafraîchissoir de l'Empli, on ne doit l'agiter que fort peu avec le mouveron avant de le couler dans les formes. Dès qu'on s'aperçoit que le Sirop renferme une multitude de petits cristaux, sans perdre sa fluidité, on le verse dans les formes à 68 ou 70 degrés de température : On le mouve peu de temps après sans l'opaler, c'est-à-dire qu'on ne lui fait subir qu'un seul mouvage, en faisant une fois et demie le tour de la forme avec le mouveron.

J'ai dit plus haut qu'en ouvrant le troisième robinet du sphéroïde, on élevait la température du Sirop, aussitôt après avoir reconnu son degré de cuisson, et que ce moyen remplaçait le bain de vapeurs d'Howard. Mais en observant qu'à feu nu et à l'aide de ce robinet, la chaleur du Sucre cuit augmente sans inconvénient dans les chaudières, pourvu qu'on ne la porte pas au delà de 75 degrés (1), le bain de vapeurs est alors moins économique dans son emploi.

En effet, je suppose un bain de vapeurs appliqué, par un double fond, aux deux récipiens où l'on coule le Sucre cuit à 47 degrés de température : celui-ci étant porté à 75 degrés au moyen de la vapeur aqueuse dégagée d'une bouillotte, il faut admettre que le Sirop se granule aussi bien pendant qu'on en augmente le calorique, ou qu'il convient de cesser aussitôt l'action du bain de vapeurs pour ne couler le Sirop dans les formes qu'à 65 degrés Réaumur. Par ce moyen les opérations de l'Empli sont plus longues et plus coûteuses.

Dans l'un comme dans l'autre cas, il est essentiel de ne pas mouver le Sirop trop froid dans les formes ; celles-ci absorbent à l'instant beaucoup de calorique dont le Sirop doit être assez chargé pour que sa cristallisation soit solide. Si le Sucre cuit n'est pas assez chaud

---

(1) Si par mégarde on élève à feu nu la température du Sirop jusqu'à 80 degrés ou au delà, le Raffineur perd tous les avantages que peut lui procurer l'emploi de la pompe pneumatique. Le Sirop se colore, et dans ce cas une portion du Sucre cristallisable se convertit en Sucre liquide.

quand on le mouve , les pains sont engraissés à la pointe , et alors on obtient davantage de pains cassés ou qui restent roux à la tête après le terrage.

En considérant qu'au moyen de la pompe pneumatique le Sucre ne reçoit pas d'altération , et que les Sirops couverts et non couverts qui découlent des Raffinés n'ont aucun goût de caramel , on conçoit qu'on peut introduire tous les Sirops couverts dans les clarifications avec le Sucre brut destiné à de nouveaux raffinages : on y introduit seulement les Sirops couverts du second terrage lorsqu'ils résultent de raffinages successifs dans lesquels on a opéré ces combinaisons. C'est ce que les Raffineurs appellent des Sirops *épuisés* , c'est-à-dire plus chargés de Mucoso sucré que de Sucre solide ; dans ce seul cas on fait entrer les Sirops du premier terrage dans la composition des Bâtardes.

Par conséquent , les Bâtardes ne sont faites qu'avec le Sirop non couvert de pains et une certaine portion de Sucre gras qu'on clarifie ensemble. On coule les Bâtardes dans l'Empli à 78 degrés de température ; on les mouve peu dans le rafraîchissoir et une seule fois dans les formes. Le Sucre qui en provient est très-blanc ; on en sépare le mélis avec un couteau après le terrage.

Enfin, on prépare les Vergeoises comme par la méthode ordinaire, c'est-à-dire qu'on les mouve seulement dans le rafraîchissoir et qu'on doit les verser encore très-chaudes dans les formes. Pour cela on pourra élever la température du Sirop jusqu'à 80 degrés avant de vider les sphéroïdes.

La raison pour laquelle on doit couler les Sirops cuits de Bâtardes et de Vergeoises à une chaleur plus élevée que celle qui convient au Sucre cuit pour la préparation des Raffinés, c'est que les premiers sont déjà dépouillés d'une portion de leur Sucre cristallisable. De pareils Sirops exigent que le calorique en soit long-temps maintenu dans les formes, pour que leur cristallisation puisse s'opérer pendant que le Mucoso sucré se trouve encore fluide : autrement, si ce dernier acquiert de la viscosité par un refroidissement trop prompt, le Sucre solide se divise considérablement ; c'est ce qui détermine l'engraissage des Bâtardes et des Vergeoises.

On peut en remplacement d'un manège, comme force motrice, mettre en jeu les pompes pneumatiques au moyen d'une machine à vapeur, lorsque les localités en permettent l'établissement. Ce dernier moyen paraît plus économique que l'emploi de plusieurs chevaux ;

mais je ferai observer que pour diriger une machine à vapeur, il faut une personne capable de prévenir tous les inconvéniens qui peuvent en résulter.

Cette machine offre surtout le plus grand avantage lorsqu'elle est de haute pression et que la vapeur, comme dans quelques Raffineries de Londres, sert, 1° à faire mouvoir les pompes pneumatiques ; 2° à faire concentrer le Sirop renfermé dans les sphéroïdes ; 3° à laver les formes, balles et futailles encore empreintes de Sucre ; 4° à clarifier le Sucre brut au moyen de la vapeur comprimée.

Pour que les sphéroïdes puissent être chauffés par la vapeur, on ne les place pas au bain-marie, comme par le procédé de M. *Bertin*, pharmacien à Bordeaux : on assujettit à l'intérieur de chacun de ces vases clos un serpentin de cuivre dans lequel la vapeur circule et chauffe le Sirop, pendant que les pompes pneumatiques sont mises en jeu par cet agent moteur et calorifique. Pour cela l'eau en vapeur est introduite par un tube partant d'une bouillotte, communiquant avec le serpentin d'où elle se rend dans celui d'un autre sphéroïde, puis dans la chaudière à clarifier où elle reçoit une pression suffisante pour porter le Sirop à l'ébullition.

C'est donc par le moyen de la vapeur comprimée que le Sirop, en contact avec les serpentins, parvient à l'ébullition à 45 degrés de température dans chaque sphéroïde. La partie inférieure de ce genre de chaudière est fixée sur un banc de maçonnerie de l'Empli ; on peut en extraire le Sirop cuit, à l'aide d'un robinet et d'un tube partant du fond du sphéroïde qu'il n'est pas besoin, dans ce cas, de faire basculer.

Le Sucre en pains obtenu par le procédé d'Howard est plus blanc et d'un meilleur goût que par la méthode ordinaire. Il paraît que par l'aspiration les pompes pneumatiques enlèvent du Sirop l'odeur désagréable qui résulte de l'emploi des diverses substances pour le raffinage du Sucre.

En terminant ce paragraphe, je dois faire observer que tous les détails relatifs à l'application de la pompe pneumatique au raffinage du Sucre, dérivent de l'appareil établi à Marseille depuis deux ans dans la Raffinerie de MM. *Pierre Poutet* et *Loze cadet*, par les soins de M. *Degrand* auquel on doit les diverses modifications apportées au procédé d'*Howard*. Toutes les pièces ou machines de cet appareil sont de la composition de quelques artistes de notre ville, qui ont fait preuve d'un talent distingué pour l'exécution de ce beau travail.

§ XXVII.

Considérations Générales sur le Raffinage du Sucre.

En considérant que le Sirop de Sucre se colore d'autant plus qu'on élève sa température et qu'il arrive à un certain degré de densité, il était important de savoir jusqu'à quel degré de chaleur il ne recevrait aucun genre d'altération. C'est ce dont j'ai pu me convaincre par l'expérience suivante.

J'ai clarifié à la vapeur du Sucre brut connu sous la dénomination *de belle et bonne quatrième.* On a employé pour cette clarification 10 pour % de charbon animal et suffisante quantité de matière clarifiante. Le Sirop filtré était presque blanc ; on en a rempli à moitié une bassine évasée un peu concave à son fond, et on l'a placée sur un bain de vapeurs, de manière à laisser dégager de ce bain l'eau vaporisée.

On a plongé un thermomètre de Réaumur dans le Sirop presque bouillant ; sa température, à quelque degré de densité qu'il soit parvenu, ne s'est jamais élevée qu'à 78 degrés;

agité avec un mouveron , il s'est desséché com-
plétement dans l'espace de trois heures et a
acquis tout l'aspect d'un Sucre terré , d'un
grain cristallin , d'une couleur légèrement
blonde , sans aucun goût de caramel.

Ce Sucre dont je conserve encore des échantillons , n'a pas attiré l'humidité de l'air ,
malgré qu'on ait reconnu la présence du Mucoso sucré dans le Sucre brut employé pour
sa préparation.

D'après ce fait, il est évident: 1° que l'oxi-
gène de l'air , comme agent colorant , n'exerce
pas d'action sur le Sirop de Sucre ; 2° que
le Sucre ne s'altère aucunement à 78 degrés
de température.

Pour mieux résoudre le point de question
relatif à l'action inerte de l'air sur le Sirop
de Sucre , on a pris du même Sirop clarifié
dont on s'était servi pour l'expérience précédente ; on en a exposé deux hectogrammes sur
un carré de fer blanc qu'on a placé dans une
étuve dont la chaleur était presque insensible :
ce Sirop s'est totalement réduit en cristaux de
candi , assez réguliers , d'un goût parfait et
d'une blancheur qui surpassait beaucoup celle
du Sucre brut employé.

Mais si on fait bouillir rapidement ou à
un feu modéré le Sirop de Sucre à vaisseau

ouvert dans les chaudières à bascule, sa température augmente en raison de sa densité ; de 80 degrés il s'élève successivement jusqu'à 90° où il reçoit une très-grande altération. On observe qu'à 36 degrés de l'aréomètre il n'a pas absorbé tout le calorique dont il peut se charger, et qu'à 37 et à 38 degrés, si on applique le pouce sur le mouveron imprégné de Sirop, la chaleur qu'on éprouve devient insupportable.

Dans cet état, le Sucre a acquis toute la viscosité nécessaire pour être coulé dans le rafraîchissoir de l'Empli. En rappelant que c'est avec le doigt index et le pouce empreints de Sucre cuit qu'on juge de son degré de cuisson, le filet produit par la compression du Sirop entre ces deux doigts qu'on écarte immédiatement, est soumis aux divers états de la température.

Pendant l'hiver le Sucre cuit au même point, recevant l'impression d'un air froid, donnera un filet considérable, tandis que l'été sa consistance paraîtra moindre. Pour lors le contre-maître a l'habitude d'observer que le Sirop bout avec plus de vitesse, et que les bulles en sont plus petites lorsqu'il est rapproché au degré convenable, ou bien il juge du point de cuisson par l'épaisseur du Sirop entre ses doigts. L'aréomètre est un guide assez sûr à 38 degrés de densité, quand les Sirops ne sont pas recouverts d'écume qui, dans ce cas, ne permet pas d'en préciser le degré.

Il est bien important de saisir le vrai point de la cuite, car si le Sucre n'est pas assez cuit, les pains sont plus poreux et par conséquent plus légers. Le Sirop non couvert découle avec une plus grande quantité de Sucre cristallisable. Si la cuisson est trop forte, il convient de mouver le Sirop encore très-chaud dans les formes, et si malgré ce soin les pains paraissent trop serrés, on n'en fait écouler le Sirop non couvert qu'en les transportant dans la Chambre chaude.

Il est des contre-maîtres qui, en soulevant la soupape du réservoir, font parvenir dans la chaudière un peu de Sirop clarifié pour diminuer les degrés de celui dont la cuite aurait été dépassée, et aussitôt ils vident le Sucre cuit dans l'Empli ; ou bien lorsque le Sirop, également trop rapproché, est déjà versé dans le rafraîchissoir, ils en affaiblissent la densité par l'addition d'une cuite plus faible, de la même manière qu'ils ajoutent à celle-ci un Sirop plus concentré pour établir le même système de conpensation.

Quoiqu'on puisse parer à ces genres d'in-

convéniens , il est plus sûr de les prévenir.
Certains contre-maîtres se font un mérite
d'avoir un mode identique pour apprécier le
vrai point de cuisson du Sirop. (Voyez pag. 52
et 53). Ces qualités s'acquièrent avec un peu
d'habitude et d'observation. Autrefois l'art de
prendre la cuite était considéré comme un secret. Le raffineur lui-même s'abstenait de s'ap-
procher du contre-maître lorsqu'il procédait à
cette opération. Aujourd'hui, un jeune homme
qui aura les moindres notions de chimie et
notamment sur la théorie de la cristallisation,
pourra se livrer avec succès à l'exercice de
l'Art du Raffineur et devenir maître de cuite.
Mais pour cela il faudra qu'il se procure les
connaissances exigibles, en étant chargé du ser-
vice des chaudières à cuire ; par ce moyen il
trouvera un modèle à suivre, et c'est en observant les travaux de l'empli et du grenier qu'il
y reconnaîtra les avantages ou les inconvéniens
qui dérivent de l'habileté ou de l'inexpérience
du contre-maître.

Lorsque le Raffineur procède à la concentration du Sirop, il se sert du beurre pour
empêcher que le gonflement qui accompagne
l'ébullition ne fasse passer le Sirop par-dessus
les bords de la chaudière. Tous les corps
gras jouissent de cette propriété. La cire blan-

che, l'huile d'olive fine, peuvent être employées en remplacement du beurre dont le
goût se fait souvent sentir dans les produits
raffinés. En considérant que la cire est très-
chère, tandis que l'huile d'olive, si elle contient de l'huile d'œillette, s'altère considérablement par l'action du calorique, on se borne
à faire choix d'une bonne qualité de beurre :
voyons maintenant pourquoi cette substance
jouit de la propriété d'affaisser le bouillon du
Sirop.

Dès l'instant que le Sirop entre en ébullition,
il se boursoufle, et sa surface est couverte de
grosses bulles remplies d'eau en vapeur et de
calorique : elles s'élèvent d'autant plus dans la
chaudière que le feu est modéré. Si on agite le
Sirop avec un mouveron, on crève une portion
de ces bulles ; mais à mesure qu'il s'en forme
de nouvelles, le gonflement continue malgré
l'agitation. En jetant un morceau de beurre
dans le Sirop, qu'on remue aussitôt avec le
mouveron, le gonflement cesse d'avoir lieu,
le liquide s'affaisse et l'ébullition est beaucoup
plus vive. Les bulles, de grosses qu'elles étaient,
deviennent plus petites, surtout lorsque le
Sucre est sur le point d'être cuit. Ce dernier
phénomène dépend de la plus grande viscosité
du Sirop ; mais, pour expliquer celui par lequel

l'affaissement du Sirop a lieu tout à coup par l'intermède du beurre, on voit que ce qui constitue l'enveloppe d'une grosse bulle est, une pellicule très-légère de Sirop, formée d'une substance homogène ou dont l'affinité des molécules est réciproque; mais à mesure que le beurre est disséminé dans le Sirop, les molécules grasses de cette substance se divisent à l'infini, se portent par leur légèreté à la surface du liquide, et détruisent l'agrégation du Sirop destiné à la formation de ces bulles qui crèvent par ce défaut de cohésion, ou qui deviennent plus petites, parce que cette même cohésion diminue : telle est la théorie que je crois avoir émise le premier sur l'un des faits les plus intéressans du Raffinage de Sucre.

Un Chimiste avait pensé que le beurre jouissait de la propriété dont il s'agit parce qu'il absorbait le calorique du Sirop; mais il n'est pas raisonnable de penser qu'un morceau de beurre du poids de 40 à 50 grammes puisse absorber ou diminuer le calorique de 70 à 80 kilogrammes de liquide, quand on sait que la température du Sirop augmente en raison de sa concentration. En établissant un thermomètre dans la chaudière, avec des degrés très-spacieux, on le voit toujours s'élever au fur et mesure que le Sirop se rapproche de son degré de cuisson.

Ainsi, c'est par le défaut de cohésion des molécules du Sirop imprégné de celles du beurre, que les bulles crèvent et laissent échapper l'eau en vapeur qui occasionne le gonflement de la matière. Voilà pourquoi l'évaporation de l'eau surabondante du Sirop est alors beaucoup plus rapide.

Parmi les diverses indications sur l'utilité des tracas dans les Raffineries, j'ai dit, pag. 60 de ce Manuel, que l'on faisait arriver dans les greniers, au moyen du bourrelet et de la poulie, les formes renfermant le Sucre cuit. Mais je dois faire observer ici que ce mode moins expéditif n'est guère usité que pour les formes dont on extrait des pains de 6 kilogrammes et au-dessus, et que quant aux moyennes et aux petites formes, plusieurs ouvriers, placés depuis l'empli jusqu'aux bords des tracas de divers étages de la chambre chaude, se font passer des uns aux autres les pains qu'ils font parvenir aux greniers par des portes pratiquées à chaque étage de la Raffinerie.

Quoiqu'on ait proposé de remplacer le terrage par le lavage du Sucre à l'alcool, M. Chaptal, qui a essayé l'emploi de ce fluide dans sa fabrique de Sucre de betteraves, a reconnu que ce procédé était fort dispendieux par les pertes d'alcool qu'il occasionnait, en laissant une odeur au Sucre raffiné. Ce moyen, basé sur la propriété qu'a l'alcool de dissoudre la matière colorante et le Sucre liquide, a été employé en 1808, par M. *de Bournissac*, sur le Sucre de raisin que ce Chimiste a raffiné avec le plus grand succès. Mais, si plus tard M. *Ch. Desrône* a utilisé ce procédé pour le Raffinage du Sucre de cannes, on avouera que l'activité avec laquelle on doit faire rapprocher les Sirops couverts et non couverts, pour l'obtention des produits secondaires, s'oppose à l'emploi d'un mode qui mérite néanmoins d'être cité sous le rapport de la science.

M. Chaptal, reconnaissant aussi les inconvéniens qui résultent de l'emploi du Sirop blanc en remplacement du terrage ordinaire, a proposé de pratiquer le premier terrage avec le Sirop, en faisant passer ce liquide à travers une rondelle de molleton mouillé, placée sur la base du pain, puis de terminer le second par une couche de terre détrempée. Ce moyen indiqué par cet illustre Chimiste ne m'a pas réussi : la tête des pains se trouvait encore roussâtre. Il est possible que le Sucre sur lequel on a fait cette expérience et qu'on a exposé dans une pièce isolée des greniers d'une raffinerie, ait manqué du calorique nécessaire à l'un et à l'autre terrage.

Les pains restent gras par le terrage au Sirop ,
parce que ce dernier contient beaucoup de
mucoso sucré , tandis que par la méthode ordinaire l'eau de la terre exerce son action sur
du Sucre solide, dont la dissolution n'entraîne
aucun inconvénient, puisque le Sucre est parfaitement sec après l'étuvage.

Si on mouille le Sucre brut avec de l'eau
froide, de manière à former une pâte un peu
molle qu'on enferme dans des sacs de toile
ou dans des *scortins* de sparte, et qu'on sou-
mette ceux-ci, les uns sur les autres, à l'action
d'une forte presse , il en découle un Sirop
coloré contenant encore du Sucre solide et dans
lequel le mucoso sucré est toujours dominant.
Ce genre de terrage, pour lequel M. *Taylor*,
chimiste manufacturier , obtint en Angleterre
un brevet d'invention en 1815, est cependant
le résultat des travaux que M. Fouques, chimiste de Paris , exécuta en 1810 pour raffiner
le Sucre indigène. L'ancien gouvernement ré-
compensa M. Fouques par un encouragement
de seize mille francs. J'essayai ce procédé ,
en 1816, sans avoir connaissance de celui de
M. Taylor , mais je le trouvai beaucoup plus
long et plus dispendieux que la préparation
des fondus à l'aide du calorique. C'est pourquoi j'ai préféré mouiller le Sucre avec l'eau

par des aspersions répétées, pour en faire une pâte et l'introduire dans de grandes formes qu'on expose ensuite à la chambre chaude. L'eau lave le Sucre solide et dissout le mucoso sucré qui découle dans les pots sur lesquels les formes reposent. J'ai appliqué la même méthode au terrage du Sucre brut et des vergeoises.

Dans plusieurs raffineries on ajoute du Sucre terré passé au crible, à la surface du pain, soit au premier ou au second terrage. Je trouve quelque utilité à ne pratiquer ce moyen qu'avant le premier terrage pour remplir le vide qui se forme à la base du pain; c'est ce qu'on appelle *faire les fonds*. Mais, en observant que le Sucre blanc résultant du premier terrage est tout aussi beau et aussi solide que le Sucre terré qu'on peut y ajouter, il arrive seulement que ce dernier est dissout par l'eau de la terre en remplacement de l'autre, et qu'il n'y a pas d'économie d'employer du Sucre de 90 centimes pour éviter la dissolution de celui dont le prix n'est pas plus élevé.

J'ai précisé, page 71, le signe qui faisait reconnaître la bonne préparation de la terre détrempée; on l'emploie un peu plus épaisse lorsque les pains sont d'un grain plus poreux. Autrement, l'eau de la terre trop liquide dissout rapidement le Sucre et occasionne des sillons jusqu'à la pointe du pain. Il est facile d'éviter cet inconvénient par le degré de consistance de la terre applicable au genre de cristallisation du Sucre.

A mesure qu'on enlève les esquives sèches, on a soin d'épousseter la base du pain avec une brosse à long poil. Cette opération, également pratiquée après le second terrage, est relative au plamotage des pains : quand ces derniers sont bien égouttés, puis retournés sur leurs bases, on les étuve à une chaleur dont le *maximum* peut être porté jusqu'à 35 degrés. A une température plus élevée, les pains reçoivent des *coups d'étuve* et acquièrent, à l'extérieur, une couleur tirant sur le jaune, s'ils sont trop rapprochés de la cloche, ou le plus souvent un manteau grisâtre. Cette dernière nuance survient même au Sucre le plus blanc, lorsqu'une chaleur trop forte, au moyen de l'eau surabondante, détermine sa liquéfaction aux parois du pain. Si au contraire l'humidité s'évapore insensiblement par une température convenable, le Sucre conserve sa blancheur, et l'étuvage s'opère avec succès; mais pour cela on a soin de laisser la trappe du plafond de l'étuve toujours ouverte. Cette condition est nécessaire pour que l'eau vaporisée puisse s'échapper par cette ouverture.

Dans les grandes raffineries on a deux étuves, l'une pour les bâtardes et l'autre pour le Sucre raffiné. Souvent des bâtardes sont prêtes à être transportées à l'étuve, pendant que celle-ci se trouve encore occupée par un raffinage de petits pains. Voilà pourquoi une seconde étuve est de la plus grande utilité. Quelques Raffineurs avaient cru que l'humidité résultant de l'étuvage des bâtardes pouvait salir la surface des raffinés *fins*. Cet inconvénient a pu avoir lieu moins par la trop grande masse de ces produits que par l'habitude qu'on avait de fermer la trappe de l'étuve durant les deux derniers jours. Il arrivait que les petits pains, presque étuvés et occupant le plus ordinairement les étages inférieurs, acquéraient une couleur grisâtre en recevant l'impression de l'eau vaporisée des bâtardes.

On peut conduire à la fois les opérations de trois raffinages ; l'un n'a encore reçu la première terre lorsque l'autre éprouve les effets de la seconde, et en même temps on en plante un troisième dans les greniers. C'est dans l'intervalle de leur préparation qu'on procède à la cuisson des bâtardes et des vergeoises. Enfin, pour me servir d'une expression technique, *on mène* d'autant plus de raffinages que les greniers sont spacieux. Ces derniers se composent des divers étages ou planchers de la fabrique ; une portion de leur superficie est occupée par les deux étuves et la chambre chaude.

Le séjour successif des Sirops couverts et non couverts dans les pots, donne lieu à des cristallisations de candi, soit au fond ou aux parois de ces vases. Si le Raffineur juge que la quantité de ces cristaux devient toujours plus considérable, il emploie les Sirops qui les surnagent pour la préparation des produits secondaires, puis il fait gratter ou enlever à l'aide d'une spatule de fer tout le candi, qu'il fait rentrer dans la fabrication des raffinés et des bâtardes, suivant que ces concrétions sont plus ou moins privées de mucoso sucré. Le Sucre déposé au fond des pots des mélasses, mis à égoutter dans de grandes formes, est introduit dans la préparation des vergeoises. Le Raffineur s'occupe surtout du *grattage* des pots, lorsque les travaux de sa fabrique sont interrompus, ou que la cherté des Sucres bruts l'engage à les cesser momentanément.

En lochant les vergeoises pour les livrer aux consommateurs, on en sépare, outre le Sucre gras, tous les grains de Sucre concret qui se trouvent à la pointe de chaque pièce. Ces grains agglomérés sont jetés dans de grands cônes pour en faire écouler la mélasse, puis on les fait sécher dans des caisses à la chambre chaude ; on les utilise de nouveau pour la préparation des vergeoises.

Outre la qualité secondaire de Sucre raffiné connu sous le nom de Bâtardes, en gros pains blancs, on prépare quelquefois ce même Sucre dans des formes de sept ; les pains qu'on en retire portent le nom de *bâtards* ; on les vend pour des cassés s'ils ont été raffinés avec soin. Mais l'avantage que l'on obtient de cette manipulation, exercée sur la combinaison des Sirops couverts et non couverts de pains, est quelquefois peu considérable : il en survient même les inconvéniens suivans.

Les Raffineurs ont tous les jours l'expérience que les Sirops concentrés, déjà privés d'une portion de leur Sucre solide, cristallisent infiniment mieux dans les grandes formes que dans les petites, où la déperdition du calorique est souvent immédiate. C'est pourquoi les petits pains sont susceptibles d'être engraissés, et qu'ils renferment un tiers de sucre roux dont le grain est poreux, par la raison qu'on est obligé d'en tirer la cuite à un degré moins élevé que pour les grandes pièces : la fabrication de ces dernières permet au contraire de prendre la cuite du Sirop au degré convenable, et de conserver plus long-temps le calorique dans les grandes formes.

Il est vrai, ai-je dit, que le pain bâtard se vend comme Sucre cassé s'il a été bien raffiné, et que la réunion des Sirops couverts et non couverts de raffinés, auxquels on peut ajouter du Sucre gras pour l'obtention de cette qualité de Sucre, procure encore des Sirops dont on peut faire des bâtardes de moyenne sorte, puis des vergeoises moins belles que par les procédés ordinaires. Mais pour éviter cet inconvénient, voici comme on pourrait opérer avec plus de sécurité et avec des avantages incontestables.

Une autre portion de Sucre gras ou brut de moyenne sorte serait ajoutée aux Sirops couverts et non couverts des pains bâtards ; cette combinaison procurerait des *bâtardes* plus belles et d'un grain plus solide, tandis que les deux genres de Sirop résultant de ce troisième produit seraient convertis en vergeoises.

En examinant attentivement les résultats de ce mode d'opérer, on voit 1° que la quantité obtenue de Sucre raffiné, proprement dit, serait moindre par l'introduction des Sirops couverts dans un produit secondaire ; 2° que cette moindre quantité serait au delà compensée par la préparation des pains bâtards, puisque ces derniers résulteraient des deux Sirops réunis ; 3° qu'en se procurant un troisième produit de Sucre blanc, la masse de celui-ci serait plus considérable sur un poids donné de Sucre brut; 4° que la combinaison du Sucre gras dans la fabrication des deux produits secondaires est de la plus grande utilité pour en faciliter la cristallisation ; 5° que par ces additions, les proportions de vergeoises seraient moindres : et partant on aurait aussi moins de mélasse. Voici sur quoi je me fonde relativement à cette dernière assertion.

Les Raffineurs, pour se procurer autant de Sucre fin qu'il est possible, ajoutent les Sirops couverts de pains dans de nouvelles clarifications avec le sucre brut destiné à la préparation du sucre raffiné. Cette addition de Sirop est successive jusqu'à la terminaison de 5 à 6 raffinages, et alors les Sirops couverts étant de nature à être épuisés, rentrent dans la fabrication des bâtardes. Il est donc évident que les combinaisons multipliées d'un Sirop qui abonde d'autant plus en mucoso sucré que les raffinages se succèdent, favorisent la formation d'une plus grande quantité de mélasse par l'action simultanée du calorique, souvent exercée sur le même produit. Il entre même peu dans des vues saines de combiner au Sucre brut pour la préparation du Sucre fin , un Sirop déjà chargé de mélasse dont la présence convertit une portion de Sucre solide en mucoso sucré , au lieu que si on suit le mode indiqué pour la préparation des pains bâtards avec addition de Sucre brut , celui-ci facilite la cristallisation du Sucre dans les Sirops qui en ont été privés par les opérations précédentes. De cette ma-nière on épuise dans chaque raffinage les Sirops qui en proviennent, et on opère pour les sui-vans avec du Sucre et des Sirops *vierges*.

Or, voilà toute la différence qui résulte de mon système basé sur les lois de la cris-tallisation. C'est du Sucre brut qu'il faut ajouter aux Sirops déjà épuisés pour obtenir du Sucre blanc de deuxième sorte , plutôt que de combiner les Sirops dans la préparation du Sucre fin. Les corps solides , cristallisables , favorisent bien plus la cristallisation que la simple concentration des *eaux-mères*. C'est ainsi que du Sirop rapproché au degré con-venable pour la préparation du Sucre candi, en fournit bien plus vite et en plus grande quantité si on y jette deux à trois morceaux de ces cristaux de Sucre. Il en est de même de l'obtention des substances salines; la fabri-cation de la crème de tartre en est l'exemple le plus frappant. Le fabricant dissout plusieurs fois, dans les eaux-mères du raffinage, de la crème non purifiée, et successivement les cristaux recélés dans les eaux-mères se réunissent à ceux qu'on y a combinés.

Cette opinion se trouve corroborée par une vérité résultant d'une longue expérience ; car le Sucre solide est bien moins altérable à feu nu que le mucoso sucré ; d'où il suit que si le premier se trouve ajouté dans de plus grandes proportions au second, celui-ci reçoit moins d'altération par le calorique, et la conversion simultanée du Sucre solide en mélasse est infiniment moindre.

Je pousserai plus loin mes observations, et j'admets la possibilité de convertir de la bonne mélasse en vergeoises par la combinaison d'un sixième de Sucre gras qu'on clarifie ensemble par le sang et le charbon animal. J'ai acquis cette certitude en 1817, où j'obtins de bonnes vergeoises avec un mélange de cette nature. Mais il faut que la mélasse soit de telle qualité qu'après son refroidissement et son séjour dans les pots ou dans les piles, on y aperçoive des grains de Sucre disséminés, craquant légèrement sous la dent lorsqu'on les soumet à la dégustation. C'est en vain qu'on objectera que le Sucre gras est d'une valeur qui

excède de quelques francs le quintal de vergeoises. Mais niera-t-on que le prix de ces dernières est bien supérieur à celui de la mélasse?
On ne pourra disconvenir que le sixième ou les
16 centièmes de Sucre brut, combinés avec les
80 centièmes de mélasse, augmentent par leur
volume la quantité de formes d'un empli de
vergeoises, et que l'un facilitant la cristallisation de l'autre, l'avantage est certain malgré
les frais d'exploitation. On sera encore plus
convaincu de la possibilité de ce genre de manipulation, quand on saura que la vergeoise est le
résultat de la combinaison d'une partie de mucoso sucré et de trois à quatre parties de Sucre
solide : voilà pourquoi elle attire si puissam-
ment l'humidité de l'air. Or, pour diminuer
la quantité de mélasse, il n'y a qu'à lui présenter du Sucre cristallisable, au moyen duquel on en solidifie une plus grande portion.
Les mélasses qui proviennent des fonds des piles,
et que le commerce repousse quelquefois parce
qu'elles contiennent beaucoup de grains, don-
neraient encore des vergeoises en les associant
avec une certaine portion de Sucre brut.

De tous les décolorans employés jusqu'à ce
jour sur le Sucre brut, le charbon animal
est celui qui exerce l'action la plus énergique
et qui présente le moins d'inconvéniens tant

par rapport au goût que pour la transparence des Sirops. La décoloration du Sucre par ce charbon est d'autant plus grande que ses molécules sont divisées par des moyens mécaniques. Cette observation dérive de l'expérience et de la théorie émise par M. Bussy, dont le mémoire a été couronné par la Société de Pharmacie de Paris.

Les substances étrangères au charbon animal, telles que le phosphate et le carbonate de chaux résultant de sa composition, paraissent exercer une influence sur la décoloration, parce qu'elles augmentent la surface du charbon qui est en contact avec le Sirop ou tout autre liquide.

D'après les divers auteurs qui ont écrit sur cette matière, le charbon agit en raison de la division de ses molécules; celui qui est mat et bien divisé est bien plus décolorant que le charbon qui reste brillant et comme vitrifié. Aussi, le charbon animal qui a servi à la décoloration du Sucre, ne peut par une simple calcination acquérir de nouveau la propriété décolorante, parce que les molécules du charbon végétal, qui se forment par la décomposition des matières absorbées, recouvrent celles du charbon animal comme d'une couche imperméable et vitreuse. Je me suis convaincu de cette vérité, et j'ai de plus remarqué que le charbon qui a servi dans nos Raffineries, pour clarifier le Sucre brut avec le sang, contenait tellement du sulfure de chaux après la calcination, que le vaisseau de cuivre dans lequel on a pratiqué une nouvelle clarification était rapidement attaqué par la présence de ce sulfure, et que le Sucre n'était pas décoloré par ce charbon.

Les charbons de sang, de cornes et de matières molles ne jouissent presque pas de la propriété décolorante. Celle-ci ne peut être augmentée qu'en combinant ces charbons avec les os calcinés à blanc, l'argile et la pierre ponce; de là, la nécessité de ne fabriquer exclusivement le charbon animal qu'avec des os bien lavés et dont le temps n'ait pas détruit de trop grandes proportions de gélatine. On peut même affirmer que l'action décolorante du charbon sur le Sucre est d'autant plus grande que sa pesanteur spécifique est plus considérable. En effet, le charbon de cornes excessivement brillant et léger, quoique provenant d'une matière solide, presque toute composée de gélatine et de quelques centièmes de phosphate de chaux, n'a nullement décoloré le Sucre brut, tandis que le noir d'os, dans lequel la gélatine ne se trouve que dans la proportion de 30 pour % sur 70 parties de phosphate de chaux, jouit éminemment de la propriété décolorante.

M. *Payen*, qui a obtenu le second prix de mes honorables collègues de la Société de Pharmacie, et dont les talens chimiques répondent à l'expérience d'un fabricant distingué, énumère les divers états dans lesquels on trouve le Sucre arrivant des Colonies. « L'altération sensible de cette substance, l'humidité et la chaleur sont les causes déterminantes de la fermentation du Sucre, qui donne lieu à la production de l'alcool, de l'acide carbonique et de l'acide acétique. L'auteur examine ce qui arrivera si on emploie pour raffiner ce Sucre, ou de la chaux ou du charbon végétal sous différens états, ou enfin du charbon animal préparé d'une manière constante et dont la composition est toujours sensiblement la même; dans le premier cas, tout l'acide formé sera à l'instant saturé, et l'excès de chaux portera son action sur les matières extractives qu'elle rend plus colorées et plus fluides, sur l'albumine végétale qu'elle rendra insoluble en s'y combinant à l'aide de la chaleur, et séparable en écume. Enfin, l'excès de chaux agira sur le Sucre lui-même, et rendra fluide et incristallisable une partie de cette substance; par une ébullition un peu longue, cette partie de Sucre altérée est to'alement convertie en une matière gommeuse sucrée que la saturation de la chaux ne peut rendre cristallisable; mais si on projette du charbon animal dans ce liquide avant cette altération complète du Sucre, l'acide carbonique en grande partie condensé dans ce charbon s'en dégage au moment de son immersion dans le Sirop, sature une partie de la chaux ; le charbon entraîne aussi la précipitation de la chaux elle – même ; en effet, le Sirop devient beaucoup moins alcalin, et le charbon déposé contient une plus grande quantité de chaux. Tous les fabricans de Sucre de betterave ont pu vérifier ce fait. Le sous-carbonate de chaux formé se précipite avec le charbon, le Sucre devient de nouveau cristallisable et reprend toutes les autres propriétés. »

A mon avis, on ne pouvait mieux que ne l'a fait M. Payen expliquer les effets du charbon animal sur le Sucre brut venant des Colonies. Les faits décrits par cet habile chimiste nous démontrent pourquoi il se produit une vive effervescence du moment que ce charbon est projeté dans le Sirop presque bouillant. Les acides du Sucre brut réagissent sur le carbonate de chaux contenu dans le charbon, lors même qu'on emploie de l'eau commune au lieu d'eau de chaux pour dissoudre ce Sucre, et l'acide carbonique résultant de cette décomposition détermine le gonflement du Sirop. C'est en diminuant le feu ou en agitant la matière avec une écumoire qu'on modère l'effervescence, et encore mieux en projetant une certaine quantité d'eau froide dans le Sirop soumis à la clarification.

Le charbon végétal, dont l'action est beaucoup moindre en raison de sa forme vitreuse, ne produit quelquefois pas de décoloration sensible ; il arrive même que les Sirops sont plus colorés après la clarification au noir végétal qu'avant son emploi. Cela tient surtout à la présence de la potasse dans le charbon : car les alcalis colorent tous le Sucre et peuvent le rendre incristallisable. C'est ainsi que la chaux, qui est une terre sub-alcaline et à laquelle M. *Vauquelin* a reconnu les propriétés d'altérer fortement le Sucre lorsqu'on l'y combine en excès, ne doit être employée qu'avec ménagement pour le raffinage : M. *Payen* a conseillé, dans une instruction particulière, de ne s'en servir que sur le Sucre gras ; c'est pour cela que lorsqu'on agit sur de bonnes ou belles espèces de Sucre brut, on ne doit les fondre qu'avec l'eau commune en les soumettant à la clarification ; dans ce dernier cas, on traite les Sirops qui en proviennent avec une petite quantité de lait de chaux pour la fabrication des bâtardes.

L'essai pour vérifier la force décolorante du charbon animal au moyen du vinaigre rouge, n'est pas un moyen certain ; le carbonate et le phosphate de chaux inhérens au charbon d'os exercent par la saturation partielle de l'acide acétique la précipitation de la plus grande partie de matière colorante. La mélasse étendue de 4 parties d'eau et le sulfate d'indigo en dissolution sont des réactifs bien plus efficaces. M. *Bussy*, qui s'est livré à ce mode d'essai, en opérant sur trois espèces de charbon animal qu'il savait agir avec une intensité différente, a pesé 5 grammes de chacun de ces charbons bien desséchés au bain-marie ; il les a fait chauffer séparément avec 20 grammes de mélasse étendue dans 4 parties d'eau ; cette liqueur est restée en contact avec les divers échantillons de ces charbons pendant le même espace de temps, au bout duquel on l'a filtrée, et elle s'est trouvée diversement colorée suivant l'espèce de charbon qui avait agi sur elle. Tous ces charbons ayant été lavés et séchés ensuite au bain-marie, en prenant toutes les précautions pour qu'ils se trouvassent dans les mêmes circonstances, ont plus ou moins augmenté de poids suivant leur force décolorante.

Ainsi la décoloration s'opère par la combinaison de la matière colorante avec le charbon ; le même effet se remarque aussi lorsque l'on emploie de l'indigo ; mais il est moins appréciable. L'on a lieu, en effet, d'être surpris de l'augmentation considérable de poids que prend le charbon dans la décoloration de la mélasse ; cependant M. Bussy, qui est l'auteur de ces remarques intéressantes, pense que cette augmentation provient non-seulement de la matière colorante, s'il en existe une particulière, mais aussi des matières mucilagineuses et autres qui ne sont pas en dissolution parfaite. C'est un fait bien connu des Raffineurs que les eaux de lavage du charbon qui a servi à la clarification sont très-mucilagineuses. Si au lieu de prendre de l'eau froide pour laver ce charbon, l'on prend de l'eau bouillante légèrement alcalisée avec de la potasse, l'eau sort colorée comme de la mélasse ; ce qui confirme encore la conclusion que l'on peut tirer de l'augmentation du poids du charbon, savoir, que la matière colorante se combine avec ce dernier sans éprouver de décomposition. Mais cette vérité est établie d'une manière incontestable par une expérience que l'auteur a faite sur l'indigo, et que je vais rapporter.

« Dans une dissolution d'indigo par l'acide

sulfurique, faite avec 1 partie d'indigo et 7 parties d'acide sulfurique concentré, le tout étendu dans 92 parties d'eau, M. Bussy a ajouté une certaine quantité de charbon qui l'a complètement décolorée ; la liqueur jetée sur un filtre a passé avec une légère teinte de jaune visible seulement sur une grande masse de liquide ; le filtre fut lavé avec une certaine quantité d'eau froide pour enlever ce qui était resté de la dissolution adhérente au filtre : cette eau sortit incolore. On jeta ensuite sur ce même filtre de l'eau bouillante contenant une très-petite proportion de sous-carbonate de potasse ; à l'instant la liqueur passa colorée en bleu, non point d'une teinte faible et incertaine, mais avec une intensité de couleur égale à celle de la première dissolution. L'on peut, en continuant le lavage avec de l'eau alcalisée très-chaude, enlever au charbon la presque totalité de l'indigo qu'il contient. »

Il est donc constant que la mélasse étendue de 4 parties d'eau et le sulfate d'indigo préparé comme je l'ai dit ci-dessus, sont les seuls moyens pour reconnaître le degré de décoloration de diverses qualités d'un poids donné de charbon animal. C'est par des essais comparatifs, exercés sur des proportions connues de la même liqueur d'épreuve et de charbon bien fait, qu'on s'assurera de la qualité de ceux dont on voudra s'approvisionner.

Mais si la division moléculaire du charbon animal est la cause déterminante de l'action énergique de cette substance pour la décoloration du Sucre, pourquoi n'emploierait-on pas des moyens pour la réduire en poudre impalpable ? Les Anglais, qui nous devancent quelquefois sur les avantages qu'on peut retirer de divers procédés manufacturiers, pulvérisent sous l'eau le noir animal. On pourrait, avec une meule semblable à celles des Amidonniers, diviser le charbon avec l'eau pour en former une pâte, puis des pains informes, qu'on ferait sécher dans une étuve ; on les pulvériserait avant de livrer ce charbon aux Raffineurs.

Ce décolorant, s'il était plus actif par suite de cette préparation, serait préféré à un prix plus élevé que celui dont les dix centièmes sont indispensables pour le Raffinage du Sucre.

On a beaucoup parlé d'un schiste bitumineux d'Auvergne, qui, calciné à vase clos, donne un charbon minéral décolorant. Le fait est vrai ; mais ce charbon, d'après les expériences de M. *Pelletier* et celles de M. *Payen*, n'est pas à beaucoup près aussi actif que le noir animal à l'usage de nos Raffineries. M. Payen a de plus prouvé qu'il ne précipitait pas la chaux employée au raffinage, tandis que le noir d'os jouit éminemment de cette propriété.

En me résumant sur les principales opérations de l'Art du Raffineur, j'ajouterai que la clarification et la cuisson du Sucre au moyen de la vapeur comprimée peuvent offrir les plus grands avantages ; le système d'*Hague*, perfectionné par *Hayward*, et par lequel le Sucre peut être cuit à vase ouvert dans des chaudières à double fond, chauffées à la vapeur, est sur le point de recevoir une grande extension.

Par ce procédé, une bouilloire fournit la vapeur d'eau à l'aide de tuyaux de métal, sous les chaudières, d'où la vapeur condensée à l'état liquide retourne dans la bouilloire, de manière à ce que celle-ci n'est jamais à sec, et qu'on évite par ce moyen le principal inconvénient des machines à haute pression. Cet appareil présentera, sans contredit, une économie réelle de combustible. L'eau vaporisée pourra être dirigée dans le filtre de Taylor après l'écoulement du Sirop, et dépouiller parfaitement le noir empreint de matière sucrante.

Il importe que, d'après les principes émis par M. Chaptal dans sa Chimie appliquée à l'Agriculture, on clarifie le Sucre brut dans des chaudières très-évasées, soit qu'on opère la clarification avec ou sans l'emploi du charbon animal.

Le Sucre sera d'autant moins altéré, soit à feu nu, soit à la vapeur, que l'on présentera de grandes surfaces aux chaudières évaporatoires pour accélérer la cuisson du Sirop, et que le calorique traversera une très-petite colonne de liquide. Par la même raison que les Sirops qui découlent des premiers produits doivent être rapprochés un peu plus pour la préparation des produits secondaires, de la même manière on donnera un degré de cuite plus élevé aux Sirops provenant de l'emploi des espèces de Sucre trop chargées de mucoso sucré. On observera surtout de conserver la chaleur nécessaire aux opérations de l'empli, pour éviter le refroidissement immédiat du Sucre porté à son degré de cuisson.

C'est pourquoi, si on agite seulement le Sucre dans le rafraîchissoir et qu'on ne le mouve pas dans les formes, la portion de matière cristallisable occupant la pointe des cônes se refroidit brusquement et se trouve souvent engraissée; au lieu qu'en pratiquant le mouvage dans les formes, la portion de Sucre déjà refroidie à la pointe se mêle avec toute la masse, et on procure à l'extrémité du pain la chaleur et la cristallisation convenables.

Si le Sucre était porté à un degré trop élevé de cuisson, on le mouverait plus chaud dans les formes; puis on porterait celles-ci le lendemain à la chambre chaude, pour faciliter l'écoulement du Sirop.

Les pains étant plantés sur leurs pots dans le grenier, on verse à leur superficie la terre détrempée et soigneusement lavée pour éviter sa fermentation. Pour que l'eau de la terre ne se vaporise pas et s'infiltre bien à travers les pains, il ne faut, durant les premiers jours, ni calorique artificiel, ni les contrevents ouverts.

Après les deux terrages et le parfait égouttage des pains, on les loche et on les retourne sur leurs bases; on les couvre de leur forme pour garantir la tête de l'action dessiccative ou trop prompte de l'air.

En procédant à l'étuvage du Sucre, il est essentiel que la température soit graduelle et qu'elle ne s'élève pas, vers les derniers jours, au delà de 3o à 35 degrés Réaumur.

Telles sont les observations dont les unes sont purement scientifiques, tandis que les autres se rapportent uniquement à la description des procédés de l'Art du Raffineur. Ce genre d'industrie peut éprouver des améliorations toujours plus croissantes; mais pour cela il est à désirer que dans l'intérêt public les fabricans repoussent un peu moins les méthodes nouvelles, et que la science puisse faire acquérir des avantages réels à cette fabrication qui atteindra le plus haut degré de perfectionnement, lorsqu'on raffinera le Sucre brut avec autant de succès qu'on purifie une substance saline.

FIN.

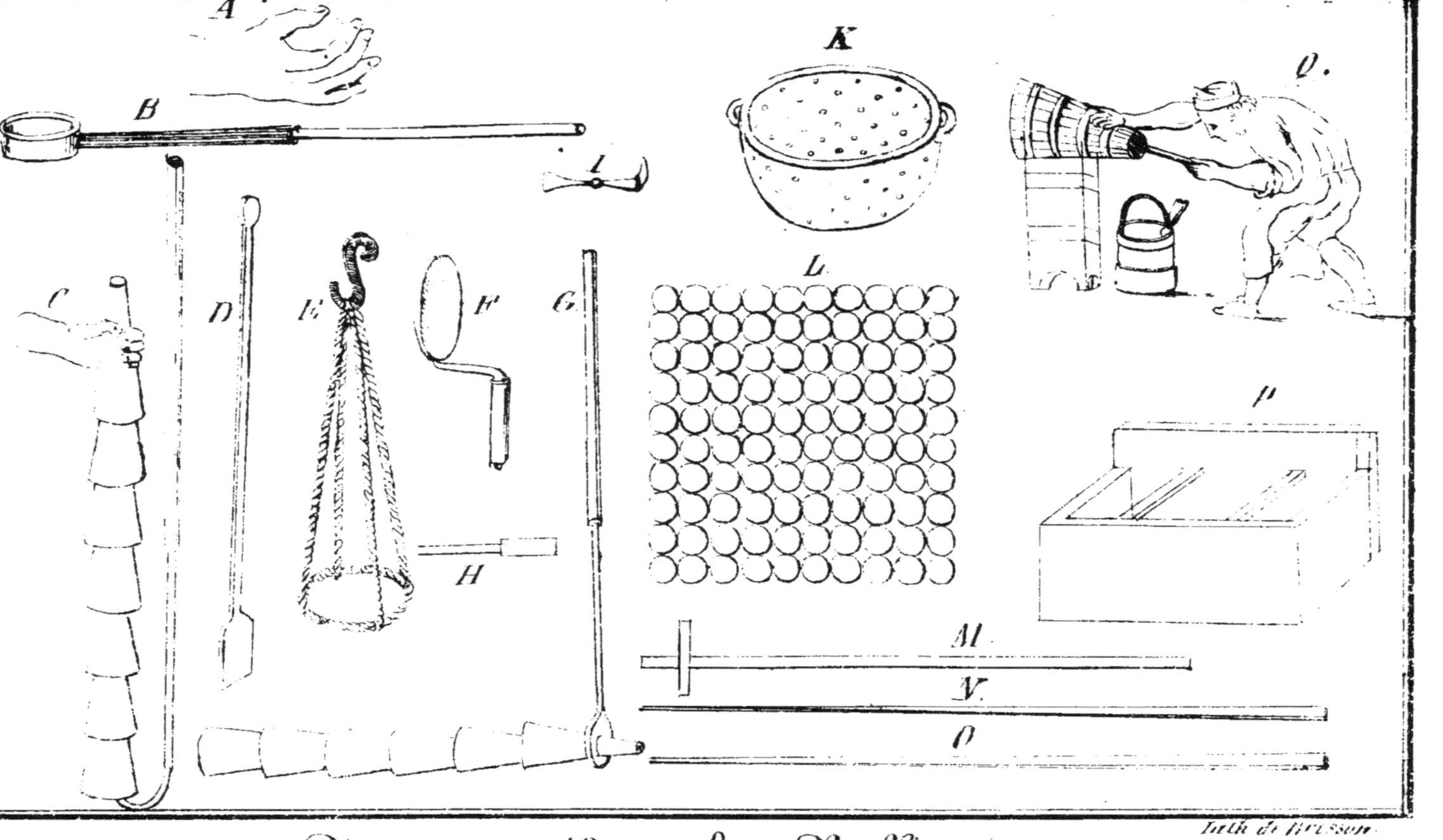

Divers ustensiles de la Raffinerie.
et comment on perce une Batarde.

EXPLICATION DES PLANCHES.

————◦•◦————

PLANCHE Ire. — Pag. 27 et suivantes.

Atelier de la Cuite et de la Clarification.

Fig. A.   Chaudière à clarification.

B.   Chaudière aux écumes, servant aussi à la préparation des Fondus.

CC.   Robinets des chaudières, pour l'écoulement des Sirops dans les filtres.

DD.   Chaudières à cuire et à bascule.

EE.   Réservoir de Sirop clarifié.

FF.   Soupapes du réservoir, qu'on soulève à volonté pour charger les chaudières à cuire.

GG.   Chaîne du lévier pour soulever la soupape.

H.   Tuyau horizontal de la pompe, conducteur du Sirop dans le réservoir.

I.   Tube indicateur en verre ; il doit être plus élevé qu'il n'est représenté par la figure.

JJJ.   Supports du réservoir.

KK.   Tubes de métal, terminés par un boyau de toile pour l'écoulement du Sirop dans les chaudières à cuire.

16*

Fig. L.   Barre de fer horizontale , soutenue par des bras de ce métal.

MM.   Axes du lévier sur leurs supports à loubette.

NNNN. Lévier en deux pièces , fixées à l'axe par lequel la chaudière peut basculer.

OO.   Chaînes du lévier , au moyen desquelles on soulève les chaudières à bascule.

PPPP. Chaînes fixées aux léviers et aux chaudières par des anses et des crochets.

QQQQ. Foyer et portes des fourneaux.

RRRR. Cendriers.

SSSS. Filtres ou caisses à filtrer. C'est au-dessous de ces filtres que se trouvent de grands réservoirs non représentés , pour recevoir le Sirop clarifié et filtré , qu'on fait parvenir dans le petit réservoir EE , au moyen d'une pompe aspirante.

PLANCHE II. — Pag. 57 et suivantes.

Travaux de l'Empli.

Fig. A. Ouvrier qui plante les formes.

B. Formes renversées sur leurs bases pour les planter.

C. Bassin terminé par un bec , pour couler le Sucre dans les formes.

Fig. D. Grand Rafraîchissoir dans lequel on réunit le
résultat de diverses cuites.

E. L'un des deux petits rafraîchissoirs.

F. Poêle qu'on allume en hiver, lorsque l'Empli
n'est pas assez chaud.

G. Tuyau du poêle.

H. Mouveron.

I. Ouvrier qui mouve le Sucre.

J. Ouvrier tenant un pucheux avec lequel il prend
le Sucre cuit dans le rafraîchissoir, pour le
verser dans le bassin ; un autre ouvrier vide
ensuite le bassin de Sirop dans les formes.

K. Canap ou Chevalet servant d'appui au bassin.

PLANCHE III. — Pag. 65 , 73 et suivantes.

Travaux du Grenier et du Terrage.

Fig. A. Lit de formes plantées sur leurs pots , pour
terrer les pains.

B. Baquet de terre détrempée, qu'on fait parvenir
au grenier par le tracas (un seau sert aussi
à cet usage.)

C. Grand pot dans lequel on vide un petit pot de
Sirop couvert ou non couvert.

D. Formes plantées sur leurs pots.

E. Caisse à gratter , posée sur ses tréteaux.

Fig. F. Bloc sur ses trois pieds, pour locher les pains de Sucre.

G. Ouvrier qui loche un pain de Sucre.

H. Ouvrier tenant d'une main un seau de terre détrempée, et de l'autre une cuiller avec laquelle il terre le Sucre.

I. Poulie du tracas.

J. Formes telles qu'on les renverse pour raffermir la tête des pains, avant de les locher.

PLANCHE IV.

Portion de l'Étuve, de la Chambre à plier et d'un Grenier.

Fig. A. Poulie du Tracas.

B. L'une des fenêtres de l'Étuve.

C. Ouvrier qui porte les pains de Sucre sur un plateau. Le plus ordinairement les ouvriers se font passer les pains des uns aux autres pour les porter à l'étuve.

D. Ouvrier qui met en papier les pains de Sucre et qui les ficelle.

E. Pains de Sucre sur leurs bases.

F. Corde introduite dans la poulie, et au bout de laquelle on voit le bourrelet suspendu, pour monter les formes de Sucre par le tracas.

uvrier qui prend les pains dans le grenier ,
pour les porter à l'étuve.

rappe ou Tracas par lequel on monte les pains
de Sucre au grenier.

PLANCHE V.

Ustensiles de la Raffinerie, et comment on perce une Bâtarde.

présente une main en position pour prendre
   Cuite ou la Preuve du Sucre : la main est ici
nversée, car le pouce doit être en bas.
   neux.

que comment on descend des piles de formes
   as l'eau du bac, à l'aide d'un crochet.

ule servant à gratter le Sucre adhérant au
   fraîchissoir , et à briser les vergeoises.

relet pour monter les formes de Sucre par
   tracas.

lle pour faire les fonds, ou pour aplanir
   surface des pains, avant de les terrer.

voir l'anneau dont on se sert pour redresser
   pile de formes, lorsqu'elle se couche dans
   bac.

on pour percer les bâtardes et les vergeoises.
   foncer.

Fig. G. Ouvrier qui prend les pains dans le grenier, pour les porter à l'étuve.

H. Trappe ou Tracas par lequel on monte les pains de Sucre au grenier.

PLANCHE V.

Divers Ustensiles de la Raffinerie, et comment on perce une Bâtarde.

Fig. A. Représente une main en position pour prendre la Cuite ou la Preuve du Sucre : la main est ici renversée, car le pouce doit être en bas.

B. Pucheux.

C indique comment on descend des piles de formes dans l'eau du bac, à l'aide d'un crochet.

D. Spatule servant à gratter le Sucre adhérant au rafraîchissoir, et à briser les vergeoises.

E. Bourrelet pour monter les formes de Sucre par le tracas.

F. Truelle pour faire les fonds, ou pour aplanir la surface des pains, avant de les terrer.

G. Fait voir l'anneau dont on se sert pour redresser une pile de formes, lorsqu'elle se couche dans le bac.

H. Poinçon pour percer les bâtardes et les vergeoises.

I. Fer à foncer.

Fig. K. Couleresse servant à passer la terre, ou à remplir de mélis sur lequel on verse le Sirop cuit de vergeoises. La couleresse doit avoir 4 anses, quoiqu'il n'en soit représenté que deux.

L. Fait voir comment on dispose les formes par lits, avant de les terrer. On peut donner aux lits la forme carrée ou celle d'un parallélogramme.

M. Le Piqueux.

N. Mouveron servant à mouver le Sucre dans les formes.

O. Mouveron avec lequel on bat la terre ; il sert aussi à mouver le Sucre dans les chaudières et dans le rafraîchissoir.

P. Caisse à gratter et à *gruger* les pains.

Q. Ouvrier qui perce une forme de mélis ou de vergeoises.

Fin des Planches.

TABLE

DES MATIÈRES

CONTENUES DANS CE VOLUME.

FIN DE LA TABLE.